"十二五"普通高等教育本科规划教材

金属材料磨损原理

袁兴栋　郭晓斐　杨晓洁　主编

化学工业出版社

·北京·

本教材《金属材料磨损原理》以固体表面接触入手，介绍了金属材料磨损的基本形式及不同形式磨损的基本原理、金属材料磨损的经典定律、磨损的分形研究、典型的耐磨材料、易磨损零件的磨损研究及防护、抗磨设计及基本原则。

本教材可供本科院校金属材料专业师生使用，也可供从事金属材料磨损专业的科研、开发、应用、管理等各类工程技术人员参考。

图书在版编目（CIP）数据

金属材料磨损原理/袁兴栋，郭晓斐，杨晓洁主编.
北京：化学工业出版社，2014.7
“十二五”普通高等教育本科规划教材
ISBN 978-7-122-20616-9

Ⅰ.①金… Ⅱ.①袁…②郭…③杨… Ⅲ.①金属材料-磨损-高等学校-教材 Ⅳ.①TG14

中国版本图书馆 CIP 数据核字（2014）第 091974 号

责任编辑：杨 菁　　文字编辑：颜克俭
责任校对：蒋 宇　　装帧设计：孙远博

出版发行：化学工业出版社（北京市东城区青年湖南街 13 号 邮政编码 100011）
印　　装：大厂聚鑫印刷有限责任公司
787mm×1092mm 1/16 印张 7¾ 字数 188 千字 2014 年 9 月北京第 1 版第 1 次印刷

购书咨询：010-64518888（传真：010-64519686） 售后服务：010-64518899
网　　址：http://www.cip.com.cn
凡购买本书，如有缺损质量问题，本社销售中心负责调换。

定　　价：23.00 元

FOREWORD 前言

据统计，全世界大约有1/3～1/2的能源以各种形式消耗在摩擦上，而摩擦造成的磨损是机械设备失效的主要原因，大约有80%的损伤零件是由于各种形式的磨损引起的。因此，减少材料磨损、增强材料润滑性能已成为节约能源和原材料等重要措施。

随着我国机械制造业的高速发展，材料的失效受到前所未有的关注，尤其是材料失效的主要形式——磨损。金属材料的磨损在某种程度上决定了机械零件的服役寿命，对整个机械设备的安全运转具有重要的现实意义。金属材料磨损方面的科学研究也取得了很大进展，生物摩擦学、纳米摩擦学或称微观摩擦学、摩擦学分形等领域研究为金属材料磨损的研究提供了新的思路和研究方法。现代科学技术尤其是信息科学技术、纳米科学技术、材料科学技术的发展对金属材料磨损科学的研究必然产生巨大的推动作用。例如，纳米技术的迅速发展，对了解研究磨损表面产生的微观现象以及这些现象与磨损机理的密切联系，提供了新的研究模式。分形技术的发展，对于摩擦过程中产生磨屑状态的表征以及磨屑与磨损机理之间的必然联系的研究，提供了新的方法。电子显微镜以及材料表面分析技术的发展，为磨损表面层信息的分析提供了研究磨损机理的手段。以此同时，也为磨损表面研究更深入、更广泛的开展起到了重要的推动作用。

为了适应教学改革，更好地培养适应21世纪表面工程方面人才，为表面工程实践人员提供坚实的理论基础，我们编写了本书。本书主要以固体表面接触入手，先后介绍了金属材料磨损的基本形式及不同形式磨损的基本原理、金属材料磨损的经典定律、磨损的分形研究、典型的耐磨材料、易磨损零件的磨损研究及防护、抗磨设计及基本原则。

本书由山东建筑大学袁兴栋、郭晓斐以及山东省产品质量监督检验研究院杨晓洁主编。其中第1章、第2章、第5章和第8章由袁兴栋编写，第3章和第4章部分由郭晓斐编写，第4章部分、第6章和第7章由山东省产品质量监督检验研究院杨晓洁编写，参加编写工作还有山东建筑大学材料学院王坤、侯宗超、安清伟、陈晓明、孙鹏飞等，在此表示最真诚的感谢。全书由袁兴栋统稿，山东建筑大学冯立明教授主审。

由于金属材料磨损科学的研究及抗磨损技术的飞速发展，加之编者水平有限，虽经一再校阅，书中可能仍有不当之处，敬请读者提出宝贵意见和建议。

编者

2014年3月

CONTENTS 目录

第1章 固体表面形貌与接触

摩擦和磨损是材料失效的3种形式之一，研究磨损的过程及机理必须着重研究摩擦的过程及其摩擦过程中发生的各种现象。摩擦学是研究相互运动的相互表面间发生的作用和变化。由于摩擦磨损是发生在相互接触和相互运动的固体表面间的，因此，固体接触表面及其性能对摩擦磨损性能的十分重要。了解和研究固体接触表面接触状况和表面形态是分析和研究磨损摩擦问题的基础，表面几何特征从某种意义上对于摩擦磨损起着决定性的作用。任何摩擦表面都是由许许多多不同的凸峰和凹谷组成。深入研究表面的几何特征，更利于研究固体表面摩擦磨损的微观机理。

1.1 表面形貌参数

材料表面的结构和性能直接影响固体的微观接触、摩擦、磨损等。右眼看上去十分光滑、十分平整的接触表面，在显微镜下观察时却是有许许多多不同的凸峰和凹谷组成，这是在加工过程造成的，如图1-1所示。

固体表面的形貌参数由表面粗糙度来描述，它与机械零件的功能有着密切的关系，它是表面微观几何形状的误差，显然取表面上某一个截面的外形轮廓曲线来表示表面粗糙度存在一定的局限性。采用表面粗糙度轮廓仪测量固体表面粗糙度，这种仪器的工作原理是实验时用探针在有代表性的表面长度上移动（图1-2）。图1-2(a)表示探针在被测试表面上运动，由于表面不平整引起探针振动使得衔铁倾斜。衔铁支承着磁极片，磁极片上绕着线圈Ⅰ和Ⅱ，每个线圈带有高频电流，衔铁和磁扳片间的空气隙随着探针在所测试的表面上移动而发生变化。其结果使线圈上的阻抗发生变动，因而，使高频电流的大小也发生变化。线圈Ⅰ和Ⅱ如电流示意图所示是交流电桥的一部分。电桥用电子管振荡器O供给高频电流，变幅电流则被放大器A放大。检波器B将输出检波，这样电桥电流不平衡所生的电流波动推动记录笔而不受振荡器电流频率的影响。

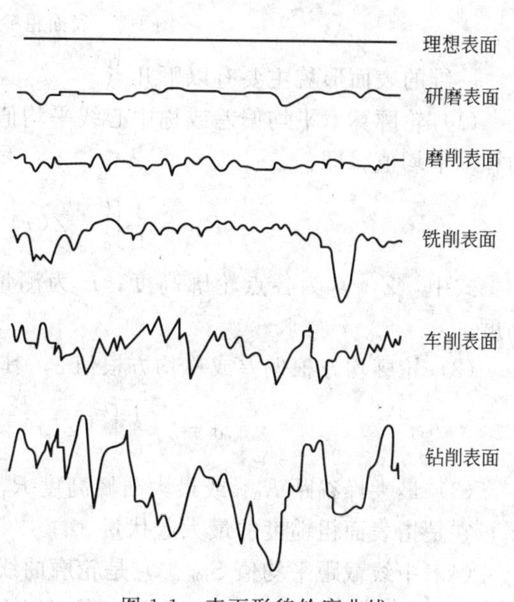

图1-1 表面形貌轮廓曲线

实践中应对表面粗糙度进行全面的分析和描述，至今，国内外专家、学者采用十几种参数来描述表面粗糙度，例如轮廓算术平均偏差、轮廓均方根偏差、最大峰谷距、支承面曲线、中线截距平均值、轮廓高度分布的偏态和峰态、自相关函数等。根据表示的方法将表面形貌参数分为一维、二维、三维。

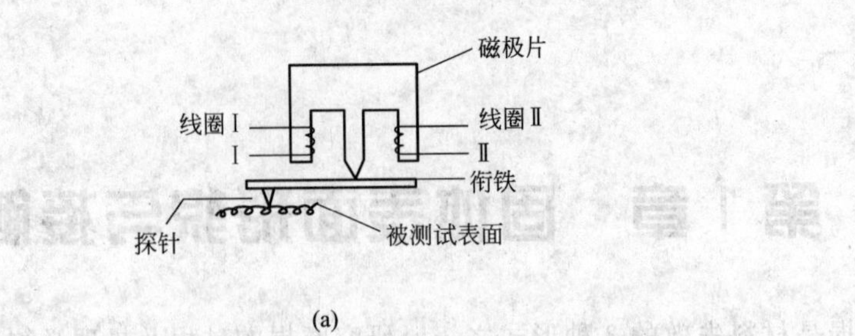

(a)

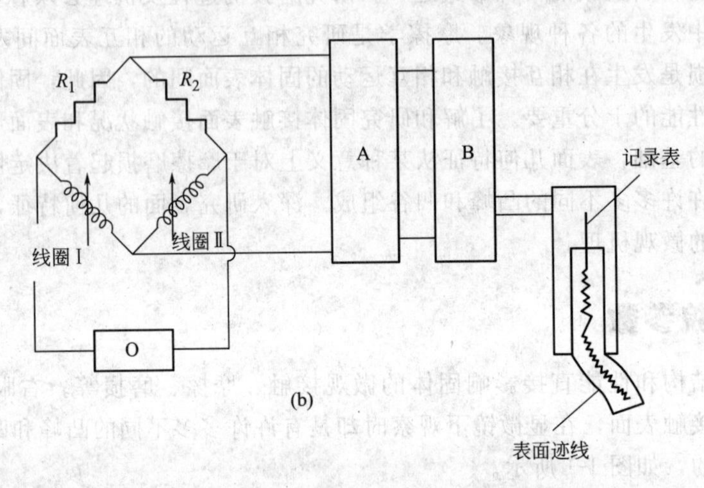

(b)

图 1-2　表面粗糙度轮廓仪工作原理

一维的表面形貌主要有以下几点。

(1) 轮廓算术平均偏差或称中心线平均值 R_a。它是轮廓上各点高度在测量长度范围内的算术平均值，即：

$$R_a=\frac{1}{L}\int_0^L \mid Z(x) \mid \mathrm{d}x=\frac{1}{n}\sum_{i=1}^{n} \mid Z_i \mid \tag{1-1}$$

式中，$Z(x)$ 为各点轮廓高度；L 为测量长度；n 为测量点数；Z_i 为各测量点的轮廓高度。

(2) 轮廓均方根偏差或称均方根值 σ，其值为：

$$\sigma=\sqrt{\frac{1}{L}\int_0^L [Z(x)]^2\mathrm{d}x}=\sqrt{\frac{1}{n}=\sum_{i=1}^{n} Z_i^2} \tag{1-2}$$

(3) 最大峰谷距 R_{max} 或最大凸峰高度 R_q。指在测量长度内最高峰与最低谷之间的高度差，它是指表面粗糙度的最大起伏量。

(4) 中线截距平均值 S_{ma}。它是轮廓曲线与中心线各交点之间的截距 S_m 在测量长度内的平均值。该参数反映表面不规则起伏的波长或间距，以及粗糙峰的疏密程度。

$$S_{ma}=\frac{1}{n}\sum_{i=1}^{n} S_{m_i} \tag{1-3}$$

其中，峰谷距和中心截距如图 1-3 所示。

(5) 支承面曲线。支承面曲线是根据表面粗糙度图谱绘制的。

实践证明，一维形貌参数不能完善地说明表面几何特征，且不足以表征表面的摩擦学特性。然而摩擦磨损的表面形貌与摩擦磨损特性密切相关，为了更加深入地了解摩擦磨损表面的接触状况，往往采用如下的二维形貌参数：坡度，它是表面轮廓曲线上各点坡度的绝对值

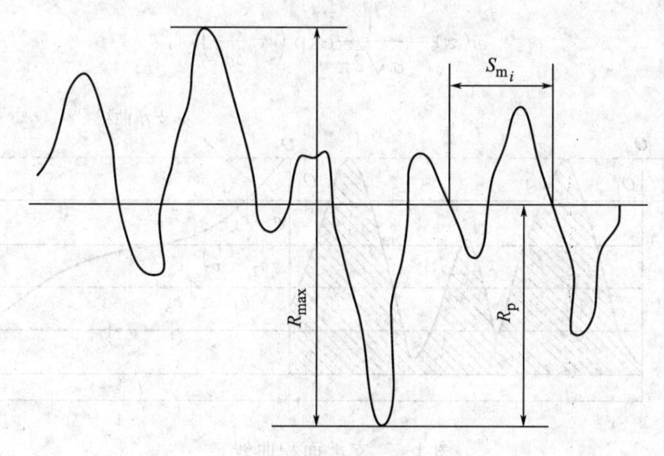

图 1-3　峰谷距和中心截距

的算术平均值；峰顶曲率，一般指各个粗糙峰顶曲率的算术平均值。

实际生产中，往往二维形貌参数也不够全面，这样描述粗糙表面最好的方法是三维形貌参数。

① 二维轮廓曲线族　如图 1-4 所示，通过一组间隔的二维轮廓曲线来表示三维形貌。

② 等高线图　如图 1-5 所示，用表面形貌的等高线表示表面的起伏变化。

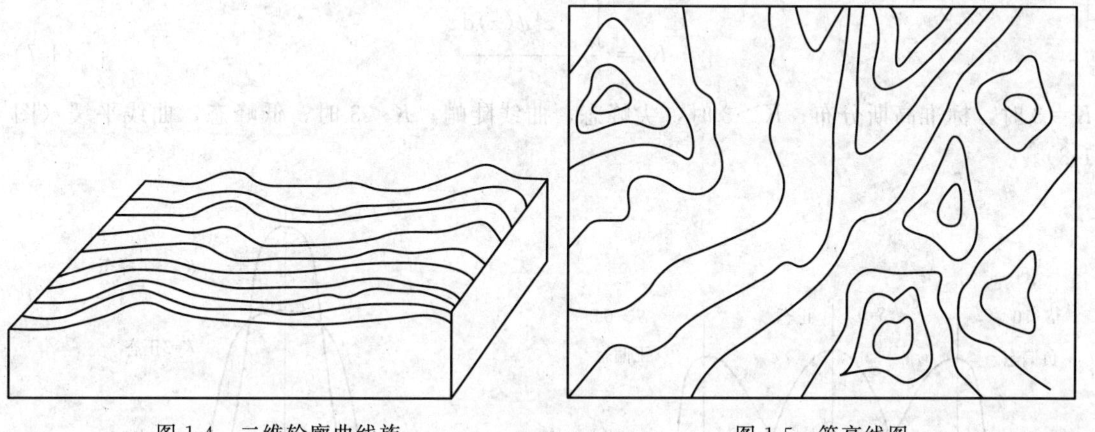

图 1-4　二维轮廓曲线族　　图 1-5　等高线图

表面形貌的统计参数对于研究摩擦磨损机制具有重要的意义。通常主要有高度分布函数、分布曲线的偏差和表面轮廓的自相关函数。

如图 1-6 所示，设表面沿水平方向滑动，载荷作用在微凸体的顶部，滑动的结果是将阴影部分面积被磨损去。随着滑动的进行，磨损去的面积不断增加，最后所有的微凸体都将被磨损去。若顶部磨至深度 x 处，留下平面的宽度为 a_1 和 c_1，将 a_1 和 c_1 相加，在深度 y 处，留下平面的宽度为 a_2、b_2 和 c_2，将 a_2、b_2 和 c_2 相加，将此法继续下去，直到曲线完成为止。

绝大多数的工程表面轮廓高度接近于 Gauss 分布规律，Gauss 概率密度分布函数为：

$$\psi(z)=\int_{-\infty}^{+\infty}\phi(z)\mathrm{d}z \tag{1-4}$$

理论上 Gauss 分布曲线的范围为 $-\infty\sim+\infty$，但实际上在 $-3\sigma\sim+3\sigma$ 之间包含了分布的 99.9%。因此以 $\pm3\sigma$ 作为 Gauss 分布的极限所产生的误差可以忽略不计。这样可以得到：

$$\psi(z)=\frac{1}{\sigma\sqrt{2\pi}}\exp\left(-\frac{z^2}{2\sigma^2}\right) \tag{1-5}$$

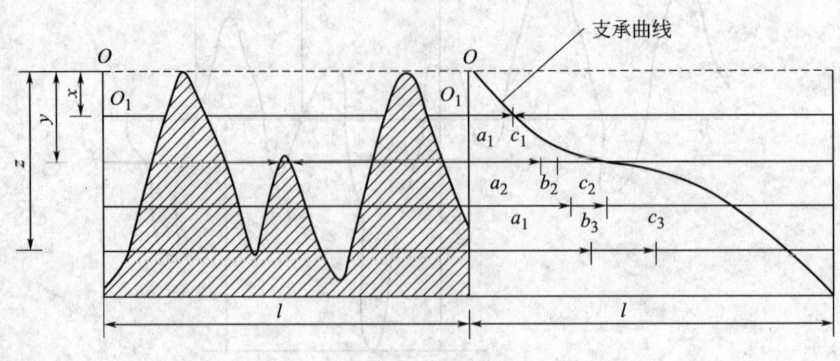

图 1-6 支承面积曲线

所谓偏态就是衡量分布曲线偏离对称位置的指标，它的定义为：

$$S=\frac{\int_{-\infty}^{+\infty}Z^3\psi(z)\,\mathrm{d}z}{\sigma^3} \tag{1-6}$$

$S=0$ 时，标准高斯分布；$S>0$ 时，正偏态（右偏）；$S<0$ 时，负偏态（左偏）（图1-7）。

所谓的峰态是指分布曲线的尖峭程度，它的定义为：

$$K=\frac{\int_{-\infty}^{+\infty}z^4\psi(z)\,\mathrm{d}z}{\sigma^4} \tag{1-7}$$

$K=3$ 时，标准高斯分布；$K>3$ 时，尖峰态，曲线陡峭；$K<3$ 时，低峰态，曲线平缓（图1-8）。

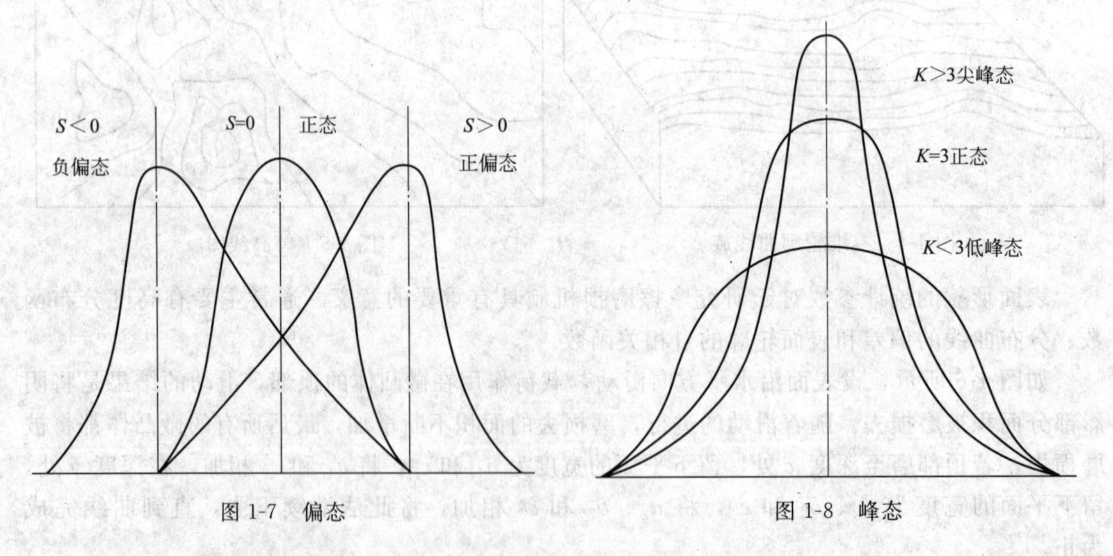

图 1-7 偏态

图 1-8 峰态

所谓的表面轮廓的自相关函数，对于一条轮廓曲线来说，它是各点的轮廓高度与该点相距一固定间隔 l 处的轮廓高度乘积的数学期望（平均）值，即：

$$R(l)=E[z(x)\times z(x+l)] \tag{1-8}$$

式中，E 表示数学期望值。

如果在测量长度 L 内的测量点数为 n，各测量点的坐标为 x，则：

$$R(l)=\frac{1}{n-1}\sum_{i=1}^{n-1}z(x_i)\times z(x_i+l) \tag{1-9}$$

对于连续函数的轮廓曲线，上式可以写成积分形式：

$$R(l)=\lim_{L\to\infty}\frac{1}{L}\int_{+L/2}^{-L/2}z(x)\times z(x+l)\mathrm{d}x \tag{1-10}$$

当 $l=0$ 时，自相关函数记作 $R(l_0)$，$R(l_0)=\sigma^2$，因此自相关函数的量纲一化形式为：

$$R^*(l)=\frac{R(l)}{R(l_0)}=\frac{R(l)}{\sigma^2} \tag{1-11}$$

1.2　点接触

当两个固体表面接触时，由于表面存在粗糙度，假如上表面是光滑的，则载荷加在下表面的少数几个尖峰上。真实的接触面积只在微凸体顶部的几个点上，假如载荷低而且材料具有较高的屈服应力，则接触是弹性接触。因此，在接触点上发生塑性流动、黏着、冷焊等现象。这些情况都会发生在多数的摩擦界面上，而且金属材料的摩擦磨损过程均与真实的固体接触密切相关（图 1-9）。

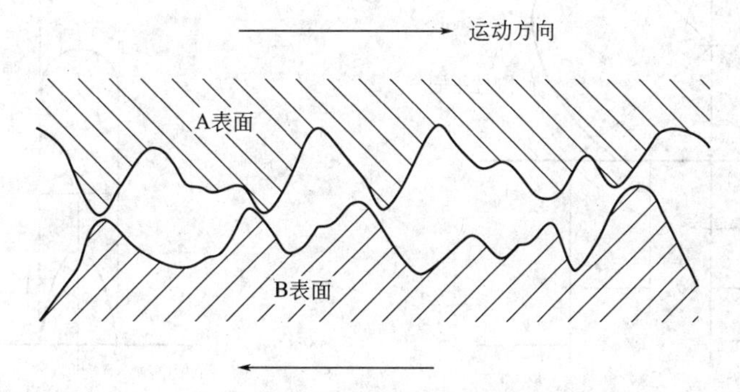

图 1-9　固体真实表面接触

为更深入地了解固体表面接触的详细信息，应该着重考虑固体表面接触的实际接触面积。对于接触面积一般定义了 3 种：名义接触面积（A_n）、轮廓接触面积（A_c）和实际接触面积（A_r）。名义接触面积又称为表观接触面积，也就是说是把参与接触的两表面看成理想的光滑面的宏观面积，一般情况下它由接触表面的外部尺寸决定，是一种假设的接触面积。轮廓接触面积是指物体的接触表面被压扁部分所形成的面积，其大小与表面承受的载荷有关，仍然是一种假设的接触面积，约占名义接触面积的 5%～15%。实际接触面积是指物体真实接触面积的总和，它是由粗糙表面较高微凸体接触构成的微观接触面积，大小主要由表面粗糙度、接触物的刚性以及外界载荷的大小等因素决定，当两个固体表面接触时，实际接触面积仅为名义接触面积的一小部分，一般情况下为 0.01%～0.1%，由各个微凸体变形所形成的实际斑点直径为 3～50μm。科学研究得到实际接触面积与载荷的关系如表 1-1 所示，接触面积为 20cm²。

表 1-1　A_r 与载荷之间的关系

载荷/N	A_r/cm²	载荷/N	A_r/cm²
20	2.5×10^{-4}	500	5×10^{-2}
200	2×10^{-3}		

固体表面接触一般分为单点接触和多点接触。如图 1-10，当两个粗糙峰相接触时，在载荷 W 作用下产生法向变形量 δ，使弹性球体的形状由图示的虚线变为实线。实际接触区是以 a 为半径的圆，而不是以 e 为半径的圆。由弹性力学分析得知：

$$a^2 = R\delta \tag{1-12}$$

于是实际接触面积 A 为：

$$A = \pi a^2 = \pi R\delta \tag{1-13}$$

再根据几何关系得：

$$e^2 = R^2 - (R-\delta)^2 = 2R\delta - \delta^2 \approx 2R\delta \tag{1-14}$$

因此几何接触面积 A_0 为：

$$A_0 = \pi e^2 = 2\pi R\delta = 2A \tag{1-15}$$

可知，单个粗糙峰在弹性接触时的实际接触面积为几何接触面积的一半。

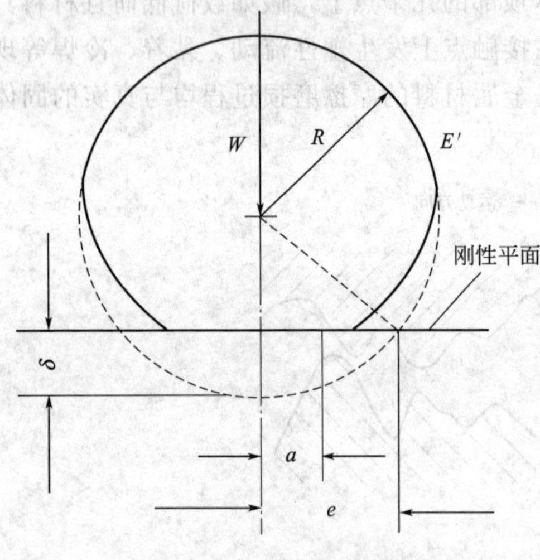

图 1-10　单峰弹性接触

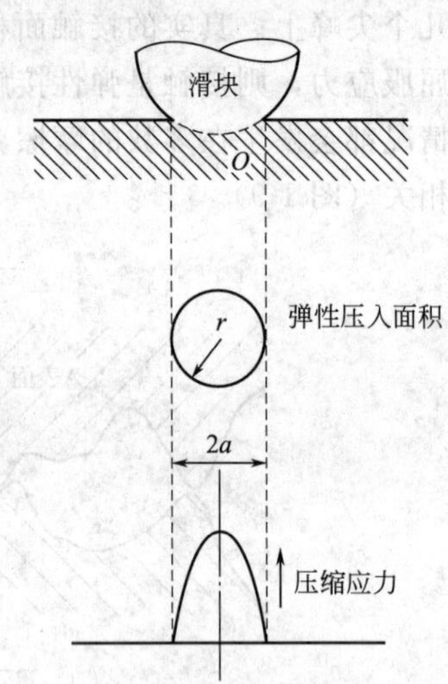

图 1-11　半球形硬滑块与软光滑表面接触

考虑一半球形硬滑块加载在一软的光滑表面上，如图 1-11 所示。假设滑块和软表面都是绝对光滑的，也就是说，滑块和平面上没有任何微凸体。在载荷的作用下，硬质滑块和软平面之间为弹性接触，并且在软平面上方压入一个直径为 $2a$ 的圆形面积。赫兹（Hertz）于 1896 年在其经典的著作中指出：对于弹性接触来说，从压入面积的中心到任何半径距离 r 处的压缩应力 σ_r 可用式(1-16) 得出：

$$\sigma_r = \sigma_{max}\left(1 - \frac{r^2}{a^2}\right)^{\frac{1}{2}} \tag{1-16}$$

也就是说，假如压缩应力未超过软材料的屈服应力，则最大的压缩应力位于接触圃的中心，而边缘，即 $r=a$ 时则应力降至零，通过压痕直径的压缩应力变化如图 1-8 所示。

设所加载荷为 W，则：

$$\sigma_{max} = \frac{3W}{2\pi a^2} \tag{1-17}$$

赫兹的分析也证明，虽然最大法向应力是在表面上，但最大剪应力则在离表面 0.5a 的材料内部（图 1-11 的 O 处），并且有：

$$\tau_{max} = 0.31\sigma_{max} \tag{1-18}$$

然而，在实际的固体表面接触中往往是多点接触，像上述一半球形硬滑块与软光滑表面接触绝对不会是完全的光滑。实际上硬质滑块球上会有许多的微凸体，而这些微凸体上又由许多微观的微凸体组成，并非图 1-11 所示的那样。鉴于此著名科学家阿查德（Archard）认为，在弹性接触的情况下，实际接触面积与所加载荷的关系可用式(1-19)加以描述：

$$A_r = KL^m \tag{1-19}$$

式中，m 由固体表面接触的模型决定。

阿查德（Archard）证明了若考虑到微凸体的凸出部分，以后又考虑到这些凸出部分本身的粗糙度，这样继续不断地分析考虑下去（图 1-12），终能到达一个阶段，此时弹性接触的面积与所加的垂直载荷非常接近于正比的关系。

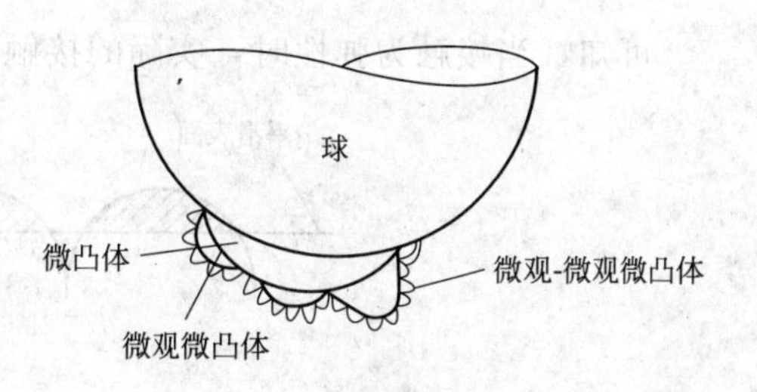

图 1-12　具有微观微凸体的球

粗糙峰模型除用球体之外，常见的还有圆柱体模型和圆锥体模型。圆柱体模型的接触面积保持不变，这与粗糙表面的接触情况不完全一样。而圆锥体模型比较接近与实际，可用于摩擦磨损的计算。

1.3　理想粗糙表面接触

所谓的理想粗糙表面就是指表面由许多排列整齐的曲率半径和高度相同的粗糙峰组成，同时各峰承受的载荷的变形完全一样，而且互相不影响。

如图 1-13 所示，着重考虑忽略微观微凸体的存在，设用完全平滑的表面压入这些微凸体中去，法向变形量 δ 等于 $(z-d)$，设微凸体间没有互相作用，因此一个微凸体发生变形时不会影响另一微凸体的高度，假设所有微凸体的变形都相同，即它们在垂直载荷 W 的作用下同时下移一距离 $(z-d)$。

若单位面积上有 n 个微凸体，则粗糙表面所支承的均匀分布的总载荷为 nW_i，这里 W_i 为每个微凸体上所承受的载荷（图 1-13）。根据赫兹（Hertz）分析，若以法向变形量 δ 来表示，则每个微凸体压痕的弹性接触半径 a 为：

$$W_{ef} = \frac{4}{3}ER^{\frac{1}{2}}(z-d)^{\frac{3}{2}} \tag{1-20}$$

接触面积 A_{ei} 为：

$$A_{ei} = \pi R(z-d) \tag{1-21}$$

载荷 W_{ei} 为：

$$W_e = \frac{4}{3}EnR^{\frac{1}{2}}\left(\frac{A_{ei}}{\pi R}\right)^{\frac{3}{2}} \tag{1-22}$$

或令 $\delta = (z-d)$

$$W_{ef} = \frac{4}{3}ER^{\frac{1}{2}}(z=d)^{\frac{3}{2}} \tag{1-23}$$

而

$$A_{ei} = \pi R(z-d) \tag{1-24}$$

总载荷 W_e 和总的实际接触面积 A_e 可从下式得出：

$$W_e = \frac{4}{3}EnR^{\frac{1}{2}}\left(\frac{A_{ei}}{\pi R}\right)^{\frac{3}{2}} \tag{1-25}$$

因为实际接触面积 $A_e = nA_{ei}$

$$W_e = \frac{4E}{3\pi^{\frac{3}{2}} n^{\frac{1}{2}} R} \cdot A_e^{\frac{3}{2}} \tag{1-26}$$

这样则：

$$A_e \infty W_e^{\frac{2}{3}} \tag{1-27}$$

可知，当接触为弹性时，实际的接触面积与所加法向载荷 2/3 次方成正比。

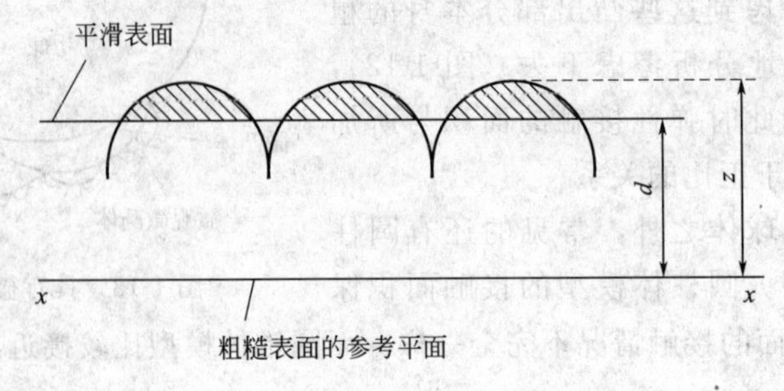

图 1-13 等高球形粗糙表面的接触

1.4 实际粗糙表面接触

理想的粗糙表面接触其实是不存在的，实际中固体接触表面上的微凸体的高度是随机分布的。粗糙峰的高度按照概率密度函数分布的，所以可以通过概率来计算表面接触的微凸体数。

如图 1-14 为两个粗糙表面的接触情况。图 1-15 为表面轮廓高度按正态规律分布情况。

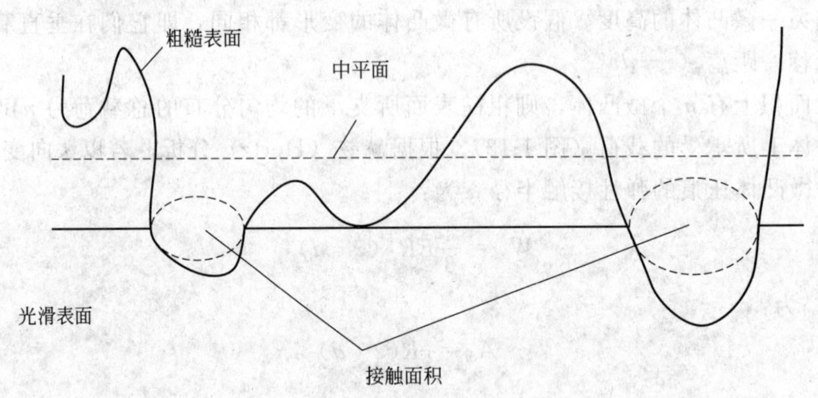

图 1-14 实际接触表面与光滑接触表面

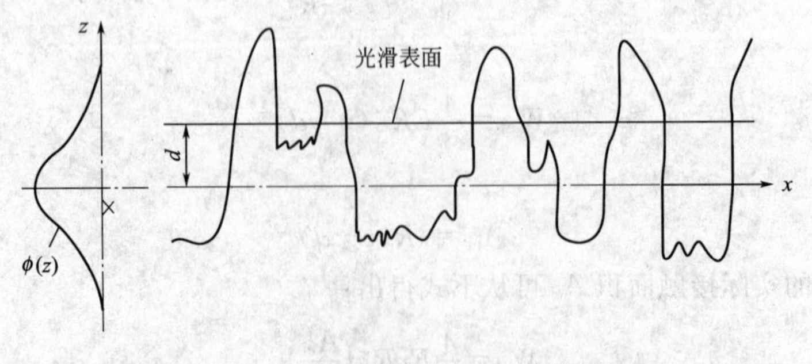

图 1-15 表面轮廓高度按正态规律分布

当两个固体相互接触在垂直的载荷作用下，平衡状态时，法向变形量 δ 等于（$z-d$），也就是说只有那些高度大于 d 的微凸体才能够压入对面的固体表面。这样高度为 z 的微凸体的接触概率为：

$$P(z>d)=\int_{\mathrm{d}}^{\infty}\phi(z)\mathrm{d}z \tag{1-28}$$

如果粗糙表面的微凸体数为 n，那么参与接触的微凸体数 N 为：

$$N=n\int_{\mathrm{d}}^{\infty}\phi(z)\mathrm{d}z \tag{1-29}$$

由 $\delta=(z-d)$ 和 $A_{\mathrm{ei}}=\pi R(z-d)$ 可得实际接触面积 A_{ei} 为：

$$A_{\mathrm{ei}}=n\pi R\int_{\mathrm{d}}^{\infty}(z-d)\phi(z)\mathrm{d}z \tag{1-30}$$

则接触峰点支承的总载荷量为：

$$W_{\mathrm{e}}=\frac{4}{3}nER^{\frac{1}{2}}\int_{\mathrm{d}}^{\infty}(z-d)^{\frac{3}{2}}\phi(z)\mathrm{d}z \tag{1-31}$$

通常实际表面的轮廓高度按照 Gauss 分布，在 Gauss 分布中，接近 Z 值较大的部分近似于指数型分布。若 A 为名义接触面积，σ 为高度分布曲线的标准偏差。令 $h=d/\sigma$ 和 $s=z/\sigma$，则

$$N=nAF_0(h) \tag{1-32}$$

$$A_{\mathrm{e}}=\pi nAR\sigma F_1(h) \tag{1-33}$$

$$W_{\mathrm{e}}=\frac{4}{3}nAER^{\frac{1}{2}}\sigma^{\frac{3}{2}}F_{3/2}(h) \tag{1-34}$$

$$F_{\mathrm{m}}(h)=\int_{h}^{\infty}(s-h)^{m}\phi^{*}(s)\mathrm{d}s \tag{1-35}$$

式中，$\phi^{*}(s)$ 为以标准偏差为单位表示的标准化高度分布。

1.5　塑性接触

实际上两个粗糙表面的接触通常是一个较为复杂的弹塑性系统，也就是说粗糙表面接触时，有的微凸体点处于弹性变形状态，有的微凸体点处于塑性变形状态。随着载荷等因素的变化微凸体点处于的状态和法向变形量也会发生变化。在滑动摩擦过程中，接触面积为塑性变形状态的摩擦规律，更接近于真实状况，当零件受到冷加工硬化的影响时，微凸体的状态则转化为弹性变形状态，这就要考虑塑性指数的意义。

对于塑性指数，Greenwood 和 Williamson 对此进行了详细的研究，并对接触问题进行了大量的分析，根据弹性力学分析可得到接触面积上的平均压力为：

$$P_{\mathrm{c}}=\frac{4E}{3\pi}\sqrt{\frac{\delta}{R}} \tag{1-36}$$

当平均压力达到 $H/3$ 时，开始在表层内出现塑性变形，这里的 H 是材料的布氏硬度值（HB）。当平均压力达到 H 时，塑性变形达到用肉眼可以观察的程度。通常取 $P_{\mathrm{c}}=H/3$ 作为出现塑性变形的条件。这样就得到：

$$\Omega=\frac{E}{H}\sqrt{\frac{\sigma}{R}} \tag{1-37}$$

式中，参数 Ω 称为塑性指数。

当塑性指数 $\Omega<0.6$ 时，属于弹性接触状态；当塑性指数 $\Omega=1$ 时，一部分微凸体点处于塑性变形状态；当塑性指数 $10>\Omega>1$ 时，弹性变形和塑性变形混合存在，Ω 值越高，塑性变形所占的比例越大。近代的理论研究强调表面参数，例如表面密度、微凸体的高度分布以及曲率半径等因素对表面作用性质的影响。有的科学家也尝试利用图表来表征表面微观机制，这些图表是根据表面粗糙度轮廓仪测量结果所得到的数据分析而画出来的。

当微凸体点发生塑性变形时，实际接触面积和所承受总的载荷为：

$$A_{\mathrm{p}} = 2\pi nR\int_{\mathrm{d}}^{\infty}(z-d)\phi(z)\mathrm{d}z \tag{1-38}$$

$$W_{\mathrm{p}} = 2\pi nRH\int_{\mathrm{d}}^{\infty}(z-d)\phi(z)\mathrm{d}z \tag{1-39}$$

分析可得，实际接触面积与载荷为线性关系，而与高度分布函数无关。

第2章 固体摩擦

我们的祖先从远古时代就开始利用摩擦为自己的生活创造有利的条件，例如："钻木取火"、"摩擦生热"等。《诗经·邶风·泉水》中有"载脂载辖，还车言迈"的诗句，表明中国在春秋时期已应用动物脂肪来润滑车轴。应用矿物油作润滑剂的记载最早见于西晋张华所著《博物志》，书中提到酒泉延寿和高奴有石油，并且用于"膏车及水碓甚佳"。对摩擦研究较早的科学家当推达·芬奇（Leonardo da Vinci）（1452～1519），他第一个对摩擦提出科学的论断，认识到摩擦力与载荷成正比而与名义接触面积无关，建立了摩擦的基本概念，现在对摩擦的研究已发展成为一门科学——摩擦学。摩擦学是研究相对运动的相互作用表面间的摩擦、润滑和磨损，以及三者间相互关系的基础理论和实践（包括设计和计算、润滑材料和润滑方法、摩擦材料和表面状态以及摩擦故障诊断、监测和预报等）的一门边缘学科。

摩擦学主要研究的对象很广泛，在机械工程中主要包括动、静摩擦，如滑动轴承、齿轮传动、螺纹连接、电气触头和磁带录音头等；零件表面受工作介质摩擦或碰撞、冲击，如犁铧和水轮机转轮等；机械制造工艺的摩擦学问题，如金属成形加工、切削加工和超精加工等；弹性体摩擦，如汽车轮胎与路面的摩擦、弹性密封的动力渗漏等；特殊工况条件下的摩擦学问题，如宇宙探索中遇到的高真空、低温和离子辐射等，深海作业的高压、腐蚀、润滑剂稀释和防漏密封等。此外，还有生物中的摩擦学问题，如研究海豚皮肤结构以改进舰只设计，研究人体关节润滑机理以诊治风湿性关节炎，研究人造心脏瓣膜的耐磨寿命以谋求最佳的人工心脏设计方案等。地质学方面的摩擦学问题有地壳移动、火山爆发和地震，以及山、海，断层形成等。在音乐和体育以及人们日常生活中也存在大量的摩擦学问题。

两个相对运动的固体表面的摩擦只与接触表面的相互作用有关，而与固体内部的状态无关，这种摩擦称为外摩擦。而在流体中各部分之间相对移动引起的摩擦称为内摩擦。这两种摩擦的区别在于其内部的运动状况，内摩擦时流体的相邻质点之间的运动速度是连续的，且具有一定的速度梯度，而外摩擦则发生速度的突变；内摩擦与相对滑动速度成正比，而外摩擦与滑动速度的关系取决于实际条件。这两种摩擦的共同点就是物体或物质试图将自身的运动传递给另一物体或物质，并使运动速度趋于一致，且在传递过程中有能量的变化。

本章主要讨论干摩擦状态下的滑动摩擦和滚动摩擦。

2.1 摩擦基本特性

15世纪，意大利科学家达·芬奇（Leonardo da Vinci）第一个提出摩擦的基本概念。之后，法国科学家阿蒙顿（Amontons）在大量试验的基础上建立了两个摩擦定律。随后，法国科学家库仑（C. A. Coulomb）继前人的研究，利用机械啮合理论解释干摩擦，提出摩擦理论。接着英国科学家鲍登（F. PBowden）开始使用黏着磨损概念研究干摩擦，提出摩擦理论。而后，英国科学家雷诺（OsboneReynolds），根据流体动力润滑现象，建立了流体动力润滑基本方程式。由这些研究得出了4个经典的摩擦定律。

定律一 滑动摩擦力的大小与接触面间的法向载荷成正比。

它的数学表达式为：

$$F=\mu N \tag{2-1}$$

式中，F 为滑动摩擦力；μ 为摩擦系数；N 为正压力。通常称为库仑定律，也可以认为是摩擦系数的定义。

定律二　摩擦系数的大小与接触面积无关。

这个定律适用于具有屈服极限的材料，而对于弹性材料和黏弹性材料不适合，例如聚四氟乙烯材料等。

定律三　静摩擦系数大于动摩擦系数。

这个定律不适合黏弹性材料，尽管对于黏弹性材料是否具有静摩擦系数尚无定论。

定律四　摩擦系数与滑动速度无关。

这个定律只对于金属材料来说基本符合，对其他材料不适合。

近些年国内外专家学者对摩擦学理论的研究取得长足的进展，进一步完善了摩擦学基本理论，也对经典的摩擦理论提出质疑，但在许多工程实际问题上经典摩擦理论仍然广泛使用。

深入研究表明，摩擦还具有以下主要特性。

(1) 静止接触时间　研究发现，静摩擦系数受静止接触时间长短的影响。且静摩擦系数随着接触时间的增加而增大，这一规律对塑性材料更为明显。一般情况下，软钢和黄铜的静摩擦系数随着接触时间的增加总是在增大；而对于磷青铜和杜拉铝的静摩擦系数随着接触时间的增加会出现下降的阶段，但总的趋势是增大的。

研究表明，静摩擦系数随着接触时间的增加而增大，主要原因是在法向载荷作用下，粗糙峰压入的同时产生较高的接触应力和塑性变形，这样致使实际的接触面积增加。接触时间的增加也促使粗糙峰接触应力和塑性变形程度增大，所以静摩擦系数增大。

(2) 跃动现象　固体之间的干摩擦运动并非连续的滑动，而是物体之间发生相对断续的滑动，这种现象称为跃动现象。滑动摩擦是黏着与滑动交替发生的跃动过程。由于接触点的金属处于塑性流动状态，在摩擦中接触点可能产生瞬时高温，因而使两金属产生黏着，黏着结点具有很强的黏着力。随后在摩擦力作用下，黏着结点被剪切而产生滑动。这样滑动摩擦就是黏着结点的形成和剪切交替发生的过程。在具有弹态和黏弹态性质的聚四氟乙烯材料的摩擦过程中这种现象更为显著。

摩擦过程中产生跃动现象对机器工作的平稳性是不利的，会在机器工作中产生噪声，例如车辆制动时的尖叫、材料切削过程的振动、摩擦离合器闭合时的颤动等。因此降低摩擦过程中的跃动现象是提高机器工作中平稳性的重要途径。

(3) 预位移　静止的物体在外力的作用下开始滑动时，当切向力小于静摩擦力的极限值时，物体产生一极小的预位移而达到新的静止位置。预位移的大小随着切向力的增大而增大，物体开始做稳定的滑动时最大的预位移称为极限位移，此时的切向力就是最大静摩擦力。

研究预位移对于机械零件的设计具有重要的意义。预位移状态下的摩擦力对研究制动装置的可靠性具有重要的意义。

(4) 摩擦力是黏着效应和犁沟效应产生阻力的总和　摩擦副中硬表面的粗糙峰在法向载荷作用下嵌入软表面中，并假设粗糙峰的形状为半圆柱体。这样，接触面积由两部分组成：一为圆柱面，它是发生黏着效应的面积，滑动时发生剪切。另一为端面，这是犁沟效应作用的面积，滑动时硬峰推挤软材料。所以摩擦力 F 的组成为：

$$F=T+P_e=A+SP_e \tag{2-2}$$

式中，T 为剪切力（$T=A\tau_b$）；P_e 为犁沟力（$P=SP_e$）；A 为黏着面积即实际接触面积；τ_b 为黏着结点的剪切强度；S 为犁沟面积；P_e 为单位面积的犁沟力。

（5）摩擦过程中生热，形成温度场　在摩擦的过程中，由于表层材料的变形或破断而消耗掉的能量大部分转变成热能，从而引起摩擦副表面温度的升高。摩擦热不仅会影响摩擦零件的工作性能，还会影响接触区内的应力分布。摩擦热的产生和扩散如图 2-1、图 2-2 所示。

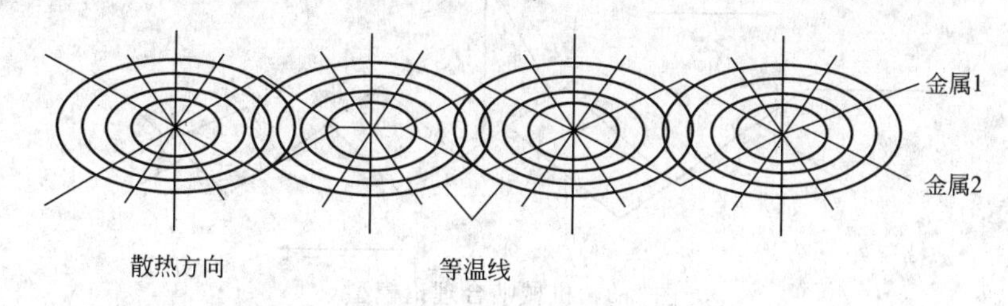

图 2-1　摩擦接触点的温度分布示意

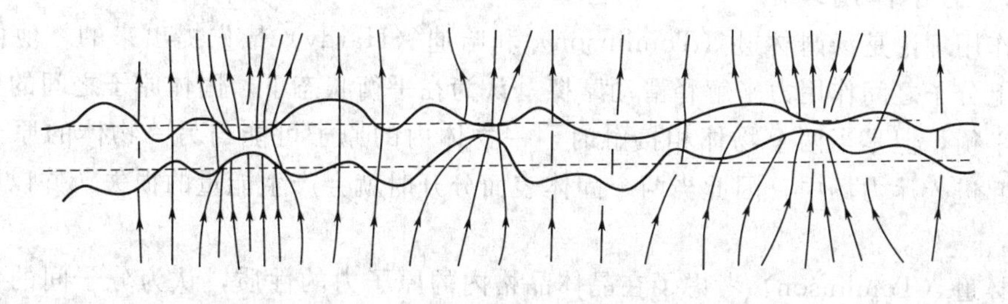

图 2-2　接触界面热流线示意

从微观上看，摩擦热是由接触区域内许多微凸峰接触而产生的。从摩擦能到热能的转换称为摩擦发热，两个运动物体表面所产生的摩擦能量损失，主要是以热的形式表现出来，实际接触处在很短的时间就能产生相当高的温度，并且很快由表层向内层扩散，在摩擦副中形成一个不稳定的温度场。

2.2　摩擦理论

摩擦是在外力作用下两个固体之间发生相对运动的过程，在这一过程中固体表面出现许多现象，直接关系到摩擦的机制的研究，这些现象受到许多复杂因素的影响，因而专家学者提出了各种不同的摩擦理论，用以了解摩擦机制，主要有以下几种摩擦理论。

2.2.1　机械啮合理论

机械啮合理论，又称为机械嵌合理论或机械互锁理论。

阿蒙顿（Amontons）和海亚（Hire）等的摩擦理论认为摩擦表面是凸凹不平的，当相互接触时，凸凹两部分彼此相互交错啮合，在发生相对运动时，相互交错的凸凹部分阻碍固体的运动，凸凹部分发生碰撞、塑性变形，并消耗能量。图 2-3 是最早的机械啮合理论的模型。理论认为摩擦过程中的产生的摩擦力主要是凸凹两部分之间的机械啮合力，而机械啮合力与凸凹倾角 θ 有重要的关系。从模型中可以看出，两个摩擦表面有许多具有一定倾角的微凸体组成，这些微凸体移动所需的力 F_i 之和就是摩擦力。这种情况下摩擦系数为：

$$\mu=\frac{\sum F_i}{\sum N_i}=\frac{F}{N}=\tan\theta \quad (2\text{-}3)$$

式中，F 为摩擦力分量；N 为正压力分量。

公式解释了固体接触的表面粗糙度越大，摩擦系数越大。但固体表面经过精加工后摩擦系数反而增大，另外固体表面存在吸附分子层时，摩擦系数也增大，这就要考虑分子间的吸附和黏着了。

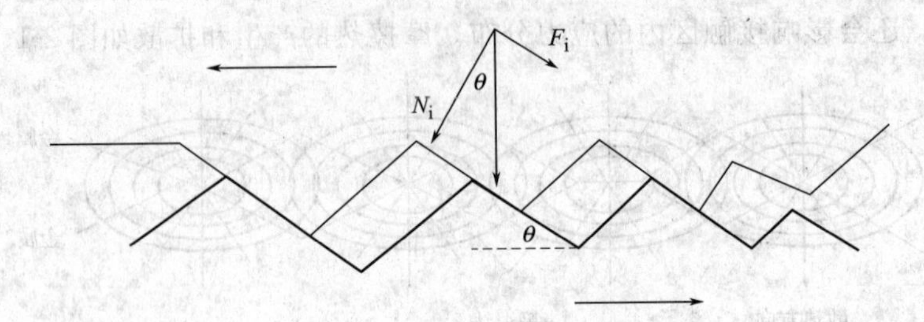

图 2-3 机械啮合理论模型

2.2.2 分子作用理论

分子作用理论是汤姆林逊（Tomlinson）和哈迪（Hardy）最先提出来的，他们试图用固体表面上分子之间作用力来解释滑动摩擦。认为在平衡状态下，固体原子之间的排斥力和内聚力相平衡，但是当两个物体相接触时，一物体内的原子可能与另一物体的原子非常接近，而一起进入斥力场中，因此当两个固体表面分开时就会产生能量的损失，并以摩擦力的形式出现。

汤姆林逊（Tomlinson）考虑了在晶体晶格内的原子力的性质，认为分子间的作用力在滑动过程中所产生的能量损耗是摩擦产生的起因，并推导出摩擦磨损的表达式。

设两个表面接触时，一些分子产生斥力 P_a，另一些分子产生引力 P_b，则平衡条件为：

$$W+\sum P_b=\sum P_a \quad (2\text{-}4)$$

因为$\sum P_b$ 数值较小，可以忽略不计。若接触分子数为 n，每个分子的平均斥力为 P，可得：

$$W=\sum P_a=nP \quad (2\text{-}5)$$

接触分子转换所引起的能量消耗应当等于摩擦力做功，所以有：

$$fWx=kQ \quad (2\text{-}6)$$

式中，x 为滑动位移；Q 为转换分子平均损耗功；k 为转换分子数，且有：

$$k=qn\frac{x}{l} \quad (2\text{-}7)$$

式中，l 为分子间的距离；q 为考虑分子排列与滑动方向不平行的系数。

将以上各式联合可以推出摩擦系数为：

$$f=\frac{qQ}{Pl} \quad (2\text{-}8)$$

应当指出的是，根据分子作用理论可以得出这样的结论，即表面越粗糙实际接触面积越小，摩擦系数越小。显然，这种分析不完全符合实际情况。

2.2.3 黏着摩擦理论

黏着摩擦理论，又称为黏着-犁沟摩擦理论。

综上所述，以上两种摩擦理论都不是十分完善，他们的关于摩擦系数的理论有些片面，直到 20 世纪 40～50 年代，在机械-分子作用摩擦理论的基础上提出较为完整摩擦理论，奠定了现代固体摩擦的理论基础。这主要是英国和前苏联两个国家相继建立了两个学派，前者以黏着理论为中心，后者以摩擦第二项为特征。

鲍登（Bowden）和泰伯（Tabor）经过大量的实验研究，建立了较为完整的黏着摩擦理论，模型如图 2-4 所示，这个理论对于研究摩擦机制，减低磨损量，设计科学合理的减磨措施具有重要的意义。

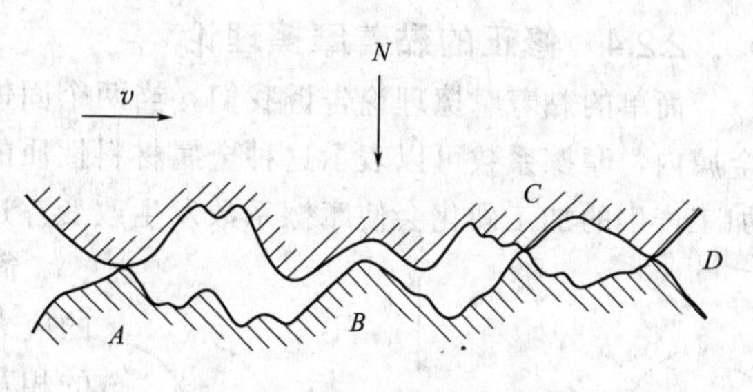

图 2-4　黏着摩擦理论模型

黏着摩擦理论认为，当两个接触表面相互压紧时，它们只在微凸体的顶部接触，如图 2-5 所示。当两个固体相接触时，在这个压力 N 的作用下，由于实际接触面积相当小，这样两个固体表面的接触峰必然要发生塑性变形。这样粗糙峰的尖端产生塑性变形后形成新的接触面，而且接触面积明显增大，直到实际接触面积能够支撑外载荷为止。图 2-6 为单个粗糙峰塑性变形模型，设粗糙峰实际接触面为 A，软材料的平均压缩屈服强度为 σ_s，那么接触点上的总压力 N 为：

$$N=\sigma_s A \tag{2-9}$$

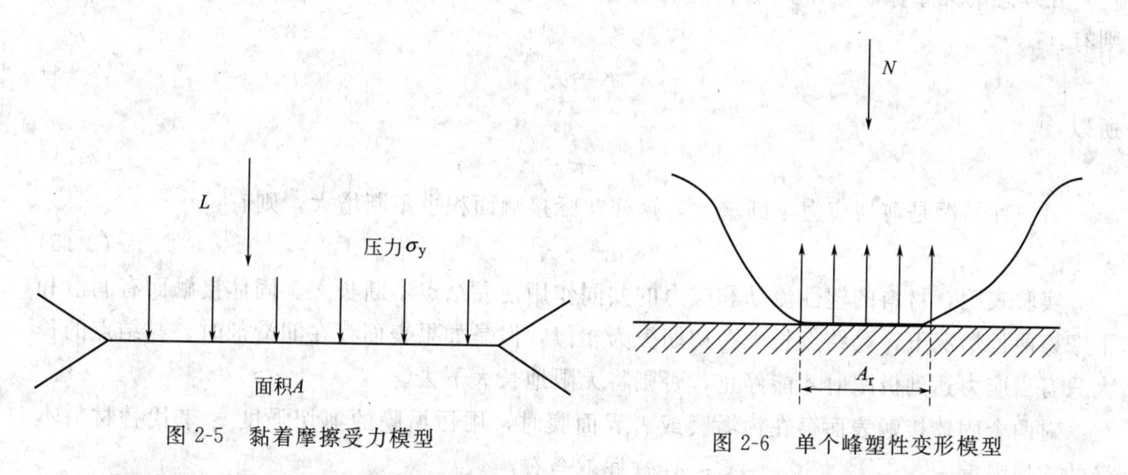

图 2-5　黏着摩擦受力模型　　图 2-6　单个峰塑性变形模型

如果接触表面十分洁净，即微凸体顶端相接触的界面上不存在表面膜的情况下，金属与金属在高压下直接发生接触，导致两表面分子相互吸附而形成连接点（冷焊），使连接点分开的阻力就是摩擦力。这个摩擦力由两部分组成：一部分是剪断固相焊接点的力——黏着分量（剪切分量）；另一部分是克服硬质微凸体在软表面上的犁沟阻力——犁沟分量。假定这两项阻力彼此没有影响，则总摩擦力为此两个分量的代数和，摩擦系数也可看做是两部分之和：

$$F=F_b+F_v \tag{2-10}$$

$$\mu=\mu_b+\mu_v \tag{2-11}$$

式中，F，μ 分别为总摩擦力和总摩擦系数；F_b，μ_b 分别为摩擦力和摩擦系数的黏着分量；F_v，μ_v 分别为摩擦力和摩擦系数的犁沟分量。

这就是简单的黏着摩擦理论，根据这个理论我们可以解释经典的摩擦定律，即摩擦力与正压力成正比而与接触面积无关。

2.2.4 修正的黏着摩擦理论

简单的黏着摩擦理论告诉我们，当两个固体接触表面发生相对运动时剪切一般发生在软金属内，摩擦系数可以表示这种金属材料性质的极限，但是材料在加工过程的几何条件以及加工产生的加工硬化会使摩擦系数发生改变，这样就是说摩擦系数不一定为常数。

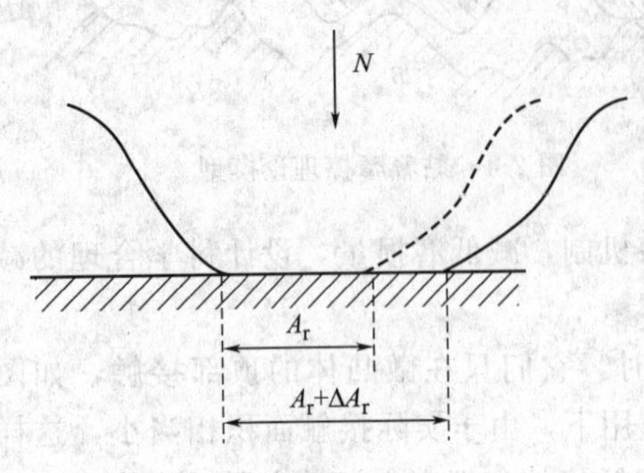

图 2-7 单个粗糙峰塑性变形长大模型

简单的黏着摩擦理论没有着重考虑黏结点所受的应力状态，即切向应力和正应力，以及它们之间的相互关系。相接触的两个固体表面在外在载荷的作用下，局部粗糙峰会发生塑性变形，这两种应力都能够使材料发生屈服，如图 2-7 为粗糙峰塑性变形长大模型。

根据材料发生屈服的条件，粗糙峰发生塑性变形应满足下面的条件：

$$\sigma^2+\alpha\tau^2=K^2 \tag{2-12}$$

式中，K 为材料变形抗力；σ 为正应力；τ 为剪切应力；α 为系数。

K 和 α 的数值可以根据极端情况来确定。

在理想的无摩擦状态下的剪切应力为零，即静摩擦状态。此时的接触点的应力为 σ_s，则有：

$$K=\sigma_s \tag{2-13}$$

所以，

$$\sigma^2+\alpha\tau^2=\sigma_s^2 \tag{2-14}$$

另一种情况是剪切应力不断增大，这样实际接触面积也不断增大，则有：

$$\alpha\tau^2=\sigma_s^2 \tag{2-15}$$

实验表明，材料的塑性流动和应力的共同作用使黏结点不断长大。固体接触面有润滑和干摩擦两种情况下，黏结点长大在初期极为相似。但是如果表面存在润滑剂时，黏结点的长大只有当应力达到极限时才能停止，否则将无限地长大下去。

对两个固体接触表面存在污垢膜或者界面膜时，用污垢膜的剪切强度 τ_i 来代替材料本身的剪切强度 τ_m，一般来说，$\tau_i<\tau_m$，这样就会有：

$$\sigma^2+\alpha\tau_i^2=\sigma_s^2 \tag{2-16}$$

当接触副所承受的切向力低于 τ_i 时，黏结点仍旧像洁净表面一样长大；而在切向力达到界面膜的剪切强度时，黏结点长大终止，而污垢膜发生剪切。于是，发生宏观位移，真实接触面积增大，则有：

$$\alpha\tau^2=\sigma_s^2 \tag{2-17}$$

此时假定界面膜的切向强度是金属切向强度的一部分，且有 $n<1$，

$$\tau_i=n\tau \tag{2-18}$$

当界面膜开始滑移时，则有：

$$\sigma^2+\alpha\tau_i^2=\alpha\left(\frac{\tau_i}{n}\right)^2 \tag{2-19}$$

于是摩擦系数μ为：

$$\mu=\frac{F}{N}=\frac{\tau_{\mathrm{i}}}{\sigma}=\left[\frac{n^{2}}{\alpha(1-n^{2})}\right]^{\frac{1}{2}} \tag{2-20}$$

由上式可知以下几点。

① 当 n 趋近于1时，界面膜的极限强度与金属本身的极限强度相接近，此时，摩擦系数接近于无穷大。

② 当 n 缓慢地降低，摩擦系数将减小到较低值。

③ 当 $n<0.2$ 时，界面膜强度很低，比金属本身容易剪切，此时公式中 n^2 可以忽略不计，则有：

$$\mu=\frac{\tau_{\mathrm{i}}}{\sigma}=\left[\frac{n^{2}}{\alpha}\right]^{\frac{1}{2}} \tag{2-21}$$

式中，τ_{i} 为界面膜的剪切屈服强度；σ 为金属本身的屈服强度。故表达式为：

$$\mu=\frac{\text{界面膜的剪切屈服强度}}{\text{金属本身的屈服强度}}$$

此外，两个固体表面接触发生相对运动时，还会在软金属表面发生犁沟效应，如图2-8所示。这样硬表面上的微凸体就会压入软金属表面，并使之发生塑性变形，划出一道犁沟，这时的摩擦力主要是犁沟方向的分量。载荷支撑面积 A_1 和犁沟面积 A_2 可以表示为：

$$A_1=\frac{1}{8}\pi d^2 \tag{2-22}$$

$$A_2=\frac{1}{4}d^2\cot\theta \tag{2-23}$$

假设材料是各向异性的，它的屈服压应力为 σ_{y}，则：

$$L=A_1\sigma_{\mathrm{y}} \tag{2-24}$$

$$F=A_2\sigma_{\mathrm{y}} \tag{2-25}$$

式中，L 为载荷；F 为摩擦力。

由犁沟引起的摩擦系数μ可表示为：

$$\mu=\frac{F}{L}=\frac{A_2}{A_1}=\frac{2}{\pi}\cot\theta \tag{2-26}$$

根据上式同样可以算出圆球和圆柱体的造成的摩擦系数。

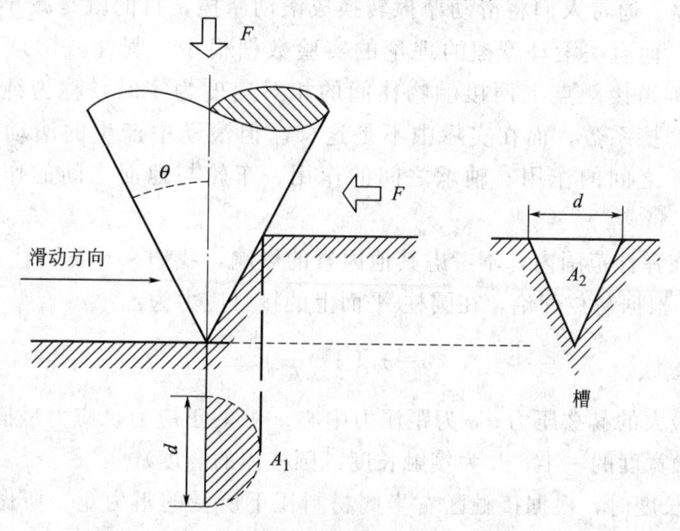

图2-8　圆锥体在较软金属上滑动

2.3 摩擦分类及影响因素

2.3.1 摩擦分类

为了研究与控制摩擦，须对其加以分类。按摩擦副的运动状态分：静摩擦与动摩擦；按照摩擦副的运动形式分：滑动摩擦与滚动摩擦；按摩擦副的表面摩擦润滑状况分：干摩擦、流体摩擦、边界摩擦和混合摩擦。表 2-1 给出了摩擦的分类方法及特点。

表 2-1 摩擦的分类

分类方法	摩擦类型	说明
摩擦副运动状态	静摩擦	两物体产生预位移，但无相对运动
	动摩擦	两表面间有相对运动
摩擦副运动形式	滑动摩擦	两接触物体接触点具有不同速度
	滚动摩擦	两接触物体接触点的速度大小和方向相同
摩擦副表面润滑状态	干摩擦	既无润滑又无湿气
	边界摩擦	相对运动的两表面被极薄的润滑膜隔开
	流体摩擦	被有体积特性的流体层隔开，有相对运动

（1）滑动摩擦　所谓的滑动摩擦就是当一物体在另一物体表面上滑动时，在两物体接触面上产生的阻碍它们之间相对滑动的现象。滑动摩擦产生的原因非常复杂，国内外专家学者对其深入研究，但目前尚没有完整的科学定论。然而近代摩擦理论认为，产生滑动摩擦的主要原因有两个，一是关于摩擦的机械啮合理论，认为摩擦的产生是由于物体表面粗糙不平。当两个物体接触时，在接触面上的凹凸不平部分就互相啮合，而使物体运动受到阻碍而引起摩擦；二是分子作用理论，认为当相接触两物体的分子间距离小到分子引力的作用范围内时，在两个物体紧压着的接触面上的分子引力便引起吸附作用。至于摩擦的本质，还待进一步研究。

滑动摩擦力是阻碍相互接触物体间相对运动的力，不一定是阻碍物体运动的力。它的大小与施加在物体上的正压力成正比。

（2）滚动摩擦　通常人们将滑动摩擦转换成滚动摩擦，目的就是减小摩擦系数，减小摩擦带来的危害。而有关滚动摩擦的理论的实验数据很少。圆柱或圆球在力矩的作用下沿接触表面运动，当接触点上两接触物体间的相对速度为零时，称为纯滚动，理论上讲纯滚动应该没有摩擦系数，而在实际中不是这样。但滚动中产生的滚动摩擦力远远小于滑动摩擦力，齿轮之间的作用、轴承之间的作用、车轮与地面之间的作用等这些都是滚动摩擦的例子。

现假定变形在弹性范围内，不考虑其他因素的影响，我们来计算圆柱-平面、球-平面的滚动摩擦系数 k。根据赫兹理论，在圆柱-平面上的接触应力为：

$$\sigma=\sigma_0\left(1-\frac{x^2}{b^2}\right)^{\frac{1}{2}} \tag{2-27}$$

式中，σ_0 为最大的赫兹压力；σ 为距压力中心 x 处的正应力，应力呈椭圆曲线分布（如图 2-9）；b 为接触宽度的一半；L 为接触长度（圆柱体的高度）。

取 L 为单位长度时，根据接触区右半侧材料压下所受的阻力矩、所做的功以及接触区左半侧回弹消耗的功可得滚动摩擦系数为：

$$K=\varepsilon\frac{4}{3\pi^{\frac{3}{2}}}\left(\frac{1}{E}\right)^{\frac{1}{2}}\left(\frac{N}{R}\right)^{\frac{1}{2}} \tag{2-28}$$

式中，R 为圆柱体的直径；E 为弹性模量；ε 为消耗系数。

球-平面的滚动摩擦系数的求法与上述步骤相同，只是球在平面上的接触区为圆形。根据式(2-28)则有：

$$K=\frac{3\varepsilon}{16}\left(\frac{3}{4}\right)^{\frac{1}{3}}\left(\frac{1}{E}\right)^{\frac{1}{3}}\left(\frac{N}{R^2}\right)^{\frac{1}{3}} \tag{2-29}$$

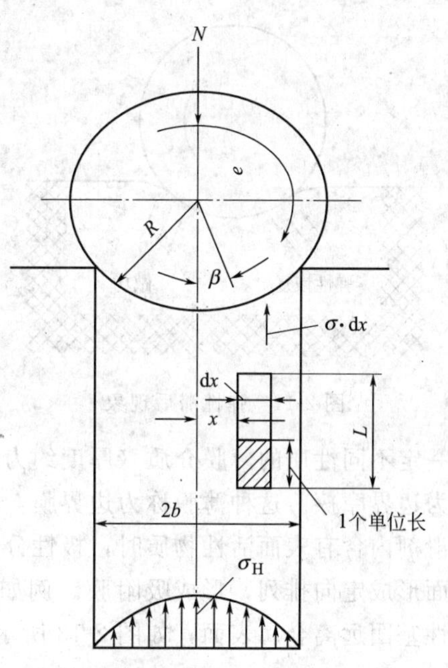

图 2-9 圆柱体-平面滚动阻力

滚动摩擦与滑动摩擦不尽相同，一般情况下不存在犁沟效应，剪切阻力也不是滚动摩擦的主要原因。滚动摩擦的阻力主要由以下 4 个方面因素组。

① 微观滑动 在实际的滚动摩擦中，固体接触表面在滚动时存在微观的相对滑动。这是滚动摩擦中普遍存在的一种现象。在滚动时，由于切向力的作用，致使切向位移不完全相同或者在传递功时，切向力以及切向速度不同都会造成不同程度的微观滑动。微观滑动造成的摩擦阻力为主要的滚动摩擦力，机理与滑动摩擦一致。在这一种情况下，固体接触表面容易造成不同程度的微观磨损，也是一种磨损类型。

② 塑性变形 在滚动过程中，随着外向载荷的不断增大，表面接触区的应力不断增大，当增加到一定值时，在距接触表面一定深度下发生塑性变形，形成不同的沟槽，具体如图 2-11 所示。以沟槽形式出现的塑性变形在外向载荷的反复作用下，沟槽宽度不断加宽，表面出现加工硬化效果，有的甚至发展成弹性状态。滚动摩擦力做的功主要消耗在塑性变形的能量上，由弹性力学分析计算发生弹性变形前材料的滚动摩擦力（图 2-10）。

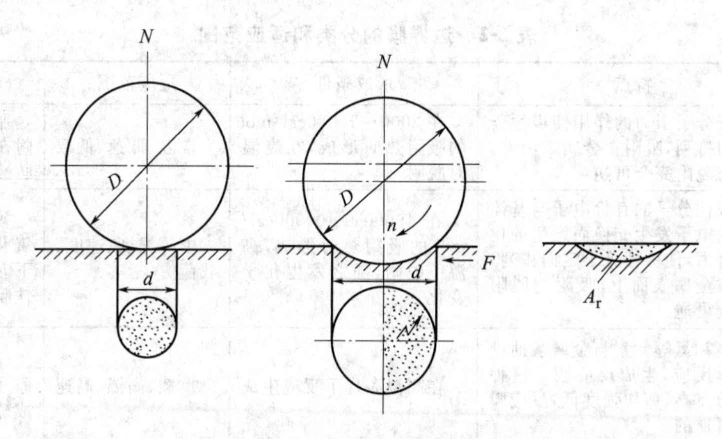

图 2-10 球在平面滚动形成的沟槽

③ 弹性滞后 钢球在平面滚动时，如图 2-11 所示，在外力的作用下，将球体前方的材料压紧并发生凹陷，随之球体后方的材料也将发生凹陷。由于平面是弹性平面，具有回弹作用，在这过程伴随着能量的消耗。这种过程称为弹性滞后。金属材料弹性滞后所消耗的能量远小于黏弹性材料。

④ 黏着效应 在滚动接触过程中，滚动表面受到垂直于黏结点方向拉力的作用，会向

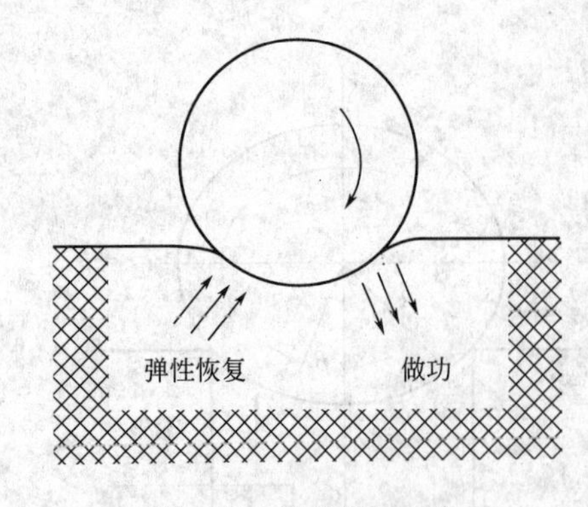

图 2-11 弹性滞后现象

此方向发生分离，黏结点不断被拉长、剥离，甚至断开，此过程所需的力很小。由于黏着效应，在摩擦力曲线上可以看到阶段性的水平台阶，这种台阶较短，不影响摩擦力的总的趋势。滚动过程中发生的黏着效应与材料本身的物理性质有关，此外还与接触状况、摩擦环境等因素有关。

综上所述，滚动摩擦过程十分复杂，上述几种因素都会影响滚动摩擦阻力的产生，在不同的实际工程中几种因素发挥的作用也不尽相同。

(3) 边界摩擦　如图 2-12 所示。当摩擦界面存在一定不同性质的薄膜介质（厚度约为 0.01～0.1μm)，并且具有良好的润滑性，这种摩擦称为边界摩擦。这种薄膜称为边界膜，边界膜的润滑性决定边界摩擦的摩擦系数的大小。当润滑剂内含有表面活性物质时，极性分子的极性基团与金属表面发生物理化学吸附，在金属表面形成定向排列，形成吸附膜。例如，脂肪酸分子中的羧基—COOH 和金属吸附。而非极性基团远离金属表面，如图 2-13 所示。这种膜不能承受较大的冲击力，容易破裂。

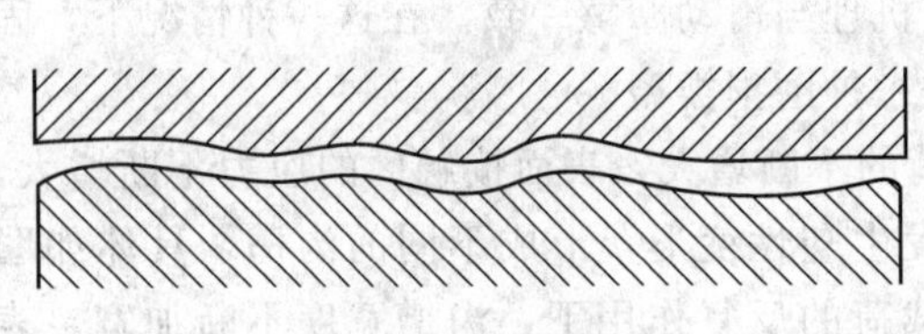
图 2-12 边界摩擦

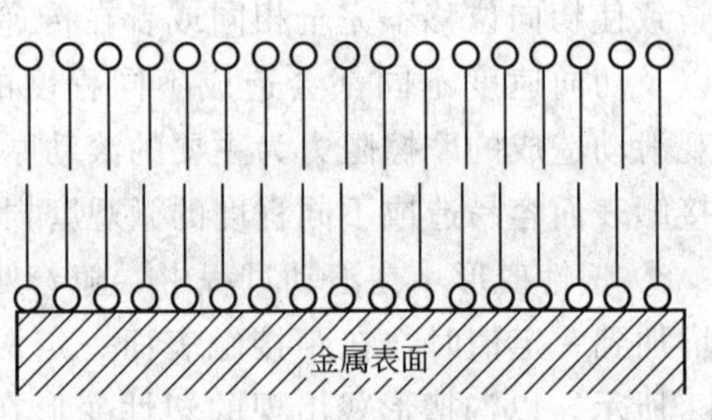

图 2-13 边界膜结构示意

边界膜的分类及其适应范围如表 2-2 所示。

表 2-2 边界膜的分类和适应范围

分类		特点	形成条件	适应范围	举例
吸附膜	物理吸附膜	由于分子引力的作用使极性分子定向排列，吸附在金属表面上，吸附与脱附完全可逆	在 2000～10000cal/mol 的吸附热时形成，在高温时脱附	常温、低速、低载	脂肪酸极性分子吸附在金属表面，形成脂肪酸模
	化学吸附膜	由极性分子的有价电子与基体表面的电子发生交换而产生的化学结合力，使极性分子定向排列，吸附在金属表面上，吸附与脱附不完全可逆	在 10000～100000cal/mol 的吸附热时形成，高温下脱附，随之发生化学变化	中等温度、速度、载荷	硬脂酸极性分子和氧化铁在有水的情况下反应生成硬脂酸铁膜
反应膜	化学反应膜	硫、磷、氯等元素与金属表面进行化学反应，生成反应膜。这种膜的熔点高，剪切强度低，反应膜是不可逆的	在高温条件下反应生成	重载、高温、高速	十二烷基硫醇的硫原子与铁原子反应生成硫化铁
	氧化膜	金属表面由于结晶点阵原子状态处于不平衡，化学活性比较大，极易与氧反应，形成氧化膜	在大气中室温下，无油纯净金属表面氧化生成	只能在短时间内起润滑作用	室温下钢铁表面形成的氧化膜
固体润滑膜		由软金属、无机固体润滑剂、自润滑塑料等低剪切强度的材料涂覆或转移在摩擦表面上形成薄膜，将金属接触表面隔开	涂覆或固体润滑材料在摩擦过程中转移到金属表面上	重载、低速、高温等特殊环境	PTFE 等薄膜

注：1cal＝4.184J。

(4) 流体摩擦　如图 2-14 为流体摩擦示意。所谓流体摩擦就是两个摩擦表面之间完全被润滑油膜隔开而产生的摩擦。这种情况下就不存在微凸体的接触，与边界摩擦不同的是流体摩擦只服从流体动力学规律。

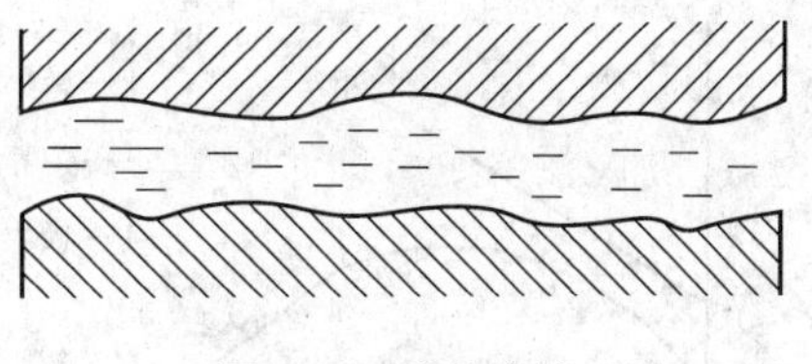

图 2-14　流体摩擦

流体摩擦力根据牛顿定律得：

$$F=\eta\frac{d_{\mathrm{v}}}{d_{\mathrm{y}}}s \tag{2-30}$$

式中，η为润滑剂动力黏度；$d_{\mathrm{v}}/d_{\mathrm{y}}$ 为垂直于运动方向上剪切的速度变化；s 为剪切面积。

由于流体摩擦的存在，会使摩擦变得不稳定，有时会造成表面粗糙度增大。

(5) 混合摩擦　混合摩擦就是上述摩擦的混合形式，如图 2-15 所示。

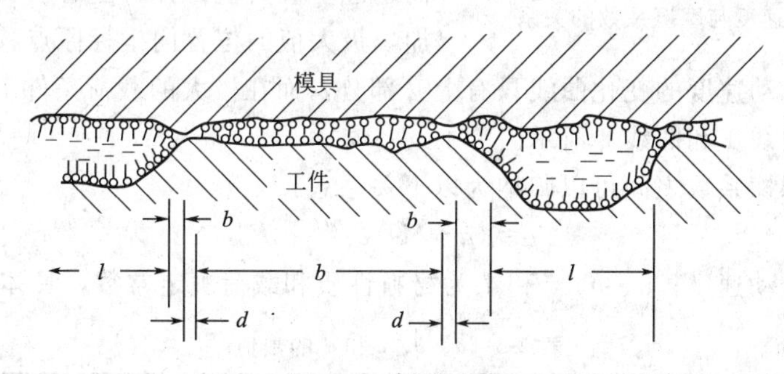

图 2-15　流体摩擦

这时候的摩擦区域为干摩擦、边界摩擦、流体摩擦 3 种形式的混合，所以摩擦力为：

$$F=\tau_{\mathrm{d}}A_{\mathrm{d}}+\tau_{\mathrm{b}}A_{\mathrm{b}}+\tau_{1}A_{1} \tag{2-31}$$

式中，τ_{d} 为表面直接接触区的剪切应力；A_{d} 为表面直接接触区面积；τ_{b} 为边界润滑油膜剪切应力；A_{b} 为边界摩擦区面积；τ_1 为流体润滑膜的剪切应力；A_1 为流体摩擦区面积。

混合摩擦中 3 种形式的摩擦在金属变形过程中不断发生变化，由于表面微凸体被压平，这样实际接触面积增大，摩擦力增大。

2.3.2 摩擦影响因素

影响摩擦的因素主要分为外部因素和内部因素。外部因素主要有载荷、滑动速度、摩擦介质、环境等因素，内部因素主要有材料的结构、物理化学性能及其他特性等因素。在高真空条件下，环境因素主要是原子氧、各种射线、各种辐照等。

(1) 载荷　由库仑定律可知，摩擦系数的大小与正压力没有关系。但是实际中摩擦系数随着载荷的变化而发生变化。一般情况下在干摩擦过程中，摩擦系数随着载荷的增加而降低，因为随着载荷的增加，实际接触面积增加。在边界摩擦中，一般载荷不会影响吸附膜的摩擦系数，当载荷增加时，吸附膜破坏，而具有极压性能的反应膜反而在高载荷时能够使摩擦系数降低。载荷对摩擦过程中产生的磨屑有一定的影响，对绝大多数的磨屑来说，其质量与所作用的载荷之间存在以下关系：

$$M=CW^{\alpha} \tag{2-32}$$

式中，C 为常数，对铜在钢上滑动时，$\alpha=0.3$，α 是分数，表示磨屑质量的增加比载荷增加的要缓慢。

载荷对金属材料的摩擦系数和磨屑有一定的影响，它也是研究材料摩擦机制必须要考虑

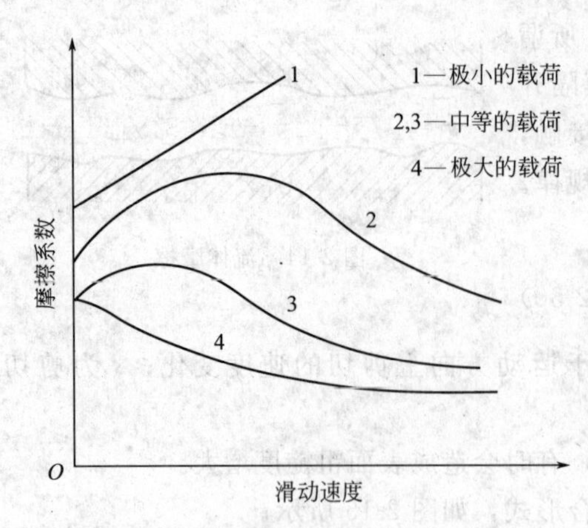

图 2-16 滑动速度与摩擦系数的关系

的一个因素。

(2) 速度 滑动速度对摩擦系数的影响主要体现在它引起材料表面层性质的变化上。除此之外摩擦系数和磨屑几乎与滑动速度无关，然而，通常情况下，滑动速度的变化能够引起表面层急剧升温、变形、磨损、化学变化等，从而影响摩擦系数。

如图 2-16 所示，前苏联科学家克拉盖斯等提出的实验结果。曲线 2 和曲线 3 表示一般弹塑性接触状态的摩擦副，摩擦系数随滑动速度增加而越过一极大值，并且随着表面刚度或者载荷增加，极大值的位置向坐标原点移动。当载荷极小时，摩擦系数随滑动速度的变化曲线只有上升部分，而在极大的载荷条件下，曲线却只有下降部分，如图中曲线 1 和曲线 4 所示。

滑动速度和摩擦系数之间可以归纳为以下关系式：

$$\mu=(a+bU)\mathrm{e}^{-cU}+d \tag{2-33}$$

式中，U 为滑动速度；a、b、c 和 d 为材料性质和载荷决定常数，具体参见表 2-3。

表 2-3 a、b、c 和 d 的数值

摩擦副	单位面积载荷/(N/mm²)	a	b	c	d
铸铁-钢	1.9	0.006	0.114	0.94	0.226
	22	0.004	0.110	0.97	0.216
铸铁-铸铁	8.3	0.022	0.054	0.55	0.125
	30.3	0.022	0.074	0.59	0.110

滑动速度影响摩擦力主要决定于温度的状况。滑动速度的增加，在两个固体接触表面积聚大量的热，形成一定的温度场。这种温度的变化能够引起接触表面层的性质变化以及表面层发生化学变化等，这样必然会影响摩擦系数的变化。例如 GCr15 与 PTFE 相互接触摩擦时，接触表面形成的温度场，促使 PTFE 向黏弹态转变，从而增大磨损量，同时温度升高使磨屑变小，自润滑性降低。

温度场的分布情况温度场的分布情况与接触物体表面几何形状（表面粗糙度和波纹度）、摩擦副材料的热物理性能（热容量，导热性）、结构尺寸、工艺条件及散热条件有关。在同一热源作用下，热物性不同的物体内部所形成的温度场分布情况有很大差别。根据热力学理论，摩擦热在摩擦副间的分配按式(2-34) 计算：

$$\frac{q_1}{q_2}=\sqrt{\frac{c_1\ \rho_1\lambda_1}{c_2\rho_2\lambda_2}} \tag{2-34}$$

式中，c、ρ、λ 分别为比热容、密度、热导率。

温度对摩擦系数的影响与表面层变化密切相关。实验表明，随着温度的升高摩擦系数增加；当表面温度很高时，材料的发生黏弹态的转变，摩擦系数将降低。但对于温度的测定至今没有太好的办法，目前有利用相变，判断温度的范围；利用热电偶测温，但热电偶测出的数值与计算的数值相差较大；利用电阻传感器测温；利用红外线辐射法，但只有在测量元件与热源之间没有任何障碍物的条件下才能使用。

固体接触摩擦时表面产生温度场一直是摩擦学研究的重要领域，对深入研究摩擦磨损机制具有重要的意义。

(3) 表面性质　金属的种类、化学成分、表面粗糙度以及表面硬度对接触区的摩擦系数都有一定的影响。

实验表明，一般情况下同类金属接触的摩擦系数比不同类接触的摩擦系数要大；不同类接触的摩擦系数比金属-非金属接触的摩擦系数又要大；能形成合金的金属相摩擦时比不能形成合金的摩擦系数要大，具体见表 2-4 所示。

表 2-4　纯金属之间的摩擦系数

项目	W	Mo	Cr	Ni	Fe	Zr	Ti	Cu	Au	Ag	Al	Zn	Mg	Sn	Pb
Pb	0.41	0.65	0.53	0.60	0.54	0.76	0.88	0.64	0.61	0.73	0.68	0.70	0.53	0.84	0.90
Sn	0.43	0.61	0.52	0.55	0.55	0.55	0.56	0.53	0.54	0.62	0.60	0.63	0.52	0.74	
Mg	0.58	0.51	0.52	0.52	0.51	0.57	0.55	0.55	0.53	0.55	0.55	0.49	0.79		
Zn	0.51	0.53	0.55	0.56	0.55	0.44	0.56	0.56	0.47	0.58	0.58	0.75			
Al	0.56	0.50	0.55	0.52	0.54	0.52	0.54	0.53	0.58	0.57	0.67				
Ag	0.47	0.46	0.45	0.46	0.49	0.45	0.54	0.48	0.53	0.50					
Au	0.46	0.42	0.50	0.54	0.47	0.46	0.52	0.54	0.49						
Cu	0.41	0.48	0.46	0.49	0.50	0.51	0.47	0.55							
Ti	0.56	0.44	0.54	0.51	0.49	0.57	0.55								
Zr	0.47	0.44	0.43	0.44	0.52	0.63									
Fe	0.47	0.46	0.48	0.47	0.51										
Ni	0.45	0.50	0.59	0.50											
Cr	0.49	0.44	0.46												
Mo	0.51	0.44													
W	0.51														

实验测得的平均摩擦系数为：钢-钢为 0.07～0.10；铜-钢为 0.10～0.13；铝-钢为 0.10～0.14。这说明金属之间的摩擦系数小于纯金属之间的摩擦系数。

一般情况下，金属材料硬度越高，摩擦系数越小。表面粗糙度对摩擦系数的影响也较大，通常情况下，表面粗糙度越大，摩擦系数越大，从实验可知，表面粗糙度增加到 7～8 倍，摩擦系数几乎增加 2 倍。但并不是表面粗糙度越小，摩擦系数也越小，例如当表面非常光滑时，摩擦系数反而变大，这是因为表面发生了黏着效应。

(4) 界面膜　实际上摩擦过程中所处的环境会在接触表面形成一些表面膜，例如：二氧化碳、污垢、润滑剂等，这些表面膜直接影响摩擦系数的大小，这些表面膜主要有氧化膜、吸附膜和各种外来的润滑膜等。

由摩擦理论可知，两个摩擦副在没有吸附膜时摩擦系数较高，当存在吸附膜时，因其剪切强度小于材料本身的强度，则接触区表面黏结点的长大受到限制，摩擦系数降低；当没有吸附膜时，接触区表面黏结点的长大未受到限制，摩擦系数趋于无穷大。可见，吸附膜起到了润滑的作用，改善了接触区黏结点的长大情况。

除了金属金外，所有的金属都能和氧发生化学反应，生成各种金属氧化膜，这种氧化膜的存在一方面限制了金属的进一步氧化，起到保护的作用；另一方面氧化膜的存在影响摩擦系数的改变。一般情况下，金属的氧化与金属本身以及周围的环境有关，加热温度和加热时间影响最大，当温度为850～900℃时，氧化速度很小；当温度为1000℃以上急剧上升；当温度为1300℃时，氧化速度急剧增加。同一温度下，随加热时间的延长，氧化速度逐渐缓慢，但氧化的总量越来越多。

由于氧化膜的组成和性质不同，因而氧化膜存在起到的作用也不同，有时起到润滑作用，有时起到磨损作用。要想氧化膜起到良好的润滑作用，需具备以下性能。

① 氧化膜具有一定的厚度，且是连续的、均匀的。氧化膜的厚度主要是防止在摩擦过程中被对偶摩擦副穿透、剥离，甚至破坏。科学家提出0.01mm为最小的厚度，然而氧化膜也不能太厚，太厚的氧化膜如果在在摩擦过程中被对偶摩擦副部分剥离，而剥离的材料会集中在两个摩擦副表面之间，会起到第二相粒子的作用，造成更大的磨损。连续、均匀的氧化膜能够保证较低的表面粗糙度，直接影响摩擦系数。不连续、不均匀的氧化膜表面粗糙度较大，提高了摩擦系数。

② 氧化膜应具有一定的延展性，并能跟随工件同步变形。这样氧化膜很难找到，自然这种氧化膜是最理想的耐磨氧化膜。氧化膜随着摩擦过程的进行，能够发生延展，且和工件同步变形，能够大大降低摩擦系数和磨损量，例如聚四氟乙烯，这种材料在摩擦过程中，形成自润滑膜，具有自润滑性，能够与工件基本保持较好的同步运动，是理想的润滑材料。

③ 氧化膜的剪切强度小于材料本身的强度。温度一旦升高，氧化膜会迅速软化，才能起到润滑剂的作用。

④ 被破坏的氧化膜，能够迅速再生。为保证连续起到润滑作用，生成氧化膜的物质氧化速度应该很快，这对成型温度较低的钢很难实现。

事实上，像上述的氧化膜极少，一般的金属氧化物很脆，稳定性较差，自然起到的减磨作用也减低了。

与吸附膜和氧化膜不同的是，为了减小两个接触表面之间发生黏着的可能性，往往在两个接触表面之间涂覆一种金属膜，来起到润滑作用，这种金属膜需具备以下条件：金属膜能够减低接触表面之间发生黏着效应，这是涂覆金属膜的主要目的；金属膜应具有较低的剪切强度；金属膜能够黏附于金属表面凹处；金属膜具有一定的厚度，形成连续、均匀的覆层。

2.4 材料转移

金属在滑动条件下，塑性变形作用是造成摩擦力的主要原因。塑性变形作用会造成金属材料向对偶面摩擦副表面转移，这就是材料转移现象。摩擦学者对材料转移现象的研究较少，幸运的是现在的摩擦学者开始关注材料转移现象，并提出材料转移与摩擦磨损机制关系的相关课题。本节用两个例子说明材料转移。

(1) 钢在黄铜上摩擦　将钢轴在黄铜轴承上旋转，这样滑动时就会有部分黄铜转移到钢轴上。如果继续滑动，转移到钢轴上的黄铜就会裂成小片变为磨屑，而黄铜继续向钢轴表面转移。这种交替过程直到轴承磨损为止。

实验表明，钢在黄铜上摩擦，发生材料转移的现象分为两个过程，一是当滑动开始，在短时期内部分黄铜转移并涂覆在钢上，但没有自由的磨屑出现。金属的转移量随着时间的增长以指数关系增加，对于干摩擦约为2.75min结束，对于有润滑剂的摩擦约为5min结束。

(2) 钢在钢上摩擦　例如退火的工具钢在淬硬的工具钢上滑动时，转移过去的金属膜先被氧化，然后才不断的脱落。钢的氧化速度直接决定后期产生的磨屑数量，这一点与黄铜在钢上的摩擦不相同。钢在钢上摩擦磨屑的形成是多阶段的过程。

涂覆在圆环上的金属不断地脱落，形成最初的磨屑。最初产生的磨屑较大，主要是因为在此阶段垂直载荷只由较少数的微凸体点所支承，实际接触面积较小。随着滑动继续进行，微凸体点不断长大，与此同时金属的转移和磨损仍然进行着，不同的是在这个过程里磨屑的尺寸却逐渐变小，主要因为实际接触面积增大了。在最后阶段，磨粒磨损起到了关键的作用，磨损过程已于金属的转移毫无关系了，但是金属的转移现象仍然存在。

第3章 固体磨损

磨损就是物体工作表面由于相对运动而不断损失的现象。它是伴随摩擦而产生的必然结果，没有摩擦就谈不到磨损。磨损现象复杂，涉及的问题范围很广，各种影响因素错综复杂，仅对表面作宏观观察常常难以彻底认识其机理与规律。磨损之所以受到人们的重视，主要是因为磨损失效导致的损失十分惊人，同时造成的大量的人身伤亡事故。据统计，磨损、断裂和腐蚀是机械零件失效的三种形式，其中磨损失效是包括航空材料在内的机电材料失效的主要原因，约有70%～80%的设备损坏是由于各种形式的磨损引起的。因此研究磨损机理和抗磨性措施，是有效地节约材料，提高机械使用寿命和安全稳定性的唯一方法，这对我国国民经济的发展尤其是航天事业的发展具有重要的意义。

随着科学技术的发展，磨损问题已成为科学家十分关注的问题之一，关于磨损机理的探究、磨损表面的测试方法以及由磨损衍生的相关学科都得到相应的发展。

目前，对磨损的研究主要从以下几个方面进行。

① 磨损发生的条件、特征和规律。

② 磨损的影响因素：摩擦副材料、环境介质、表面形态、速度、载荷、表面温度、材料转移等参数。

③ 抗磨损的措施、测试方法、实验分析。

④ 磨损机理、研究磨损的模型、计算方法和磨损的分形。

3.1 磨损参量

为了反映零件的磨损，常常需要用一些参量来表征材料的磨损性能。常用的参量有以下几种。

(1) 磨损量　由于磨损引起的材料损失量称为磨损量，它可通过测量长度、体积或质量的变化而得到，并相应称它们为线磨损量、体积磨损量和质量磨损量。

(2) 磨损率　以单位时间内材料的磨损量表示，即磨损率 $I=\mathrm{d}V/\mathrm{d}t$（$V$ 为磨损量，t 为时间）。

(3) 磨损度　以单位滑移距离内材料的磨损量来表示，即磨损度 $E=\mathrm{d}V/\mathrm{d}L$（$L$ 为滑移距离）。

(4) 耐磨性　指材料抵抗磨损的性能，它以规定摩擦条件下的磨损率或磨损度的倒数来表示，即耐磨性$=\mathrm{d}t/\mathrm{d}V$ 或 $\mathrm{d}L/\mathrm{d}V$。

(5) 相对耐磨性　指在同样条件下，两种材料（通常其中一种是Pb-Sn合金标准试样）的耐磨性之比值，即相对耐磨性 ε_w＝试样/标样。

目前，出现的磨损分类很多，没有完全统一的标准，通常情况下，磨损分为以下几种，具体见表3-1所列。

表 3-1　磨损的分类

形　式	分　类	造成磨损的影响因素
黏着磨损	轻微磨损 涂抹磨损 擦伤磨损 撕脱磨损 咬死磨损	材料特性 压　力 滑动速度 表面光洁度 温　度
磨粒磨损	凿削式 高应力碾碎式 低应力擦伤式	金属材料硬度 磨料的硬度 磨料颗粒的大小 金属冷却硬化及冲击条件
疲劳磨损	非扩展性 扩展性	轴承钢质量 渗碳钢的渗碳层 表面硬度
腐蚀磨损	氧化磨损 特殊介质的磨损 微动磨损 气蚀磨损	表面光洁度 润滑剂

一个摩擦学系统的磨损形式往往是这几种磨损形式的综合作用，一般一段时期以某种磨损形式为主，并伴有其他形式的磨损。

3.2　黏着磨损

当摩擦副表面相对滑动时，由于黏着效应所形成的黏着结点发生剪切断裂，被剪切的材料或脱落成磨屑，或由一个表面迁移到另一个表面，此类磨损统称为黏着磨损。

3.2.1　磨损机理

在摩擦过程中，摩擦副接触时，接触首先发生在部分微凸体上，这样，在一定的外界载荷下，由于受力的微凸体较少，就会在微凸体的局部产生较大的压力，超过屈服压力时，微凸体发生塑性变形，在两个固体表面产生黏着现象，如图 3-1 所示。然后，在继续滑动过程中，如果黏着点的剪切发生在界面上，则磨损轻微；如果黏着点发生在界面以下，则材料就会从一个表面转移到另一个表面，再继续滑动，一部分转移的材料分离，形成磨屑。这样就在黏着效应的带动下不断发生材料转移，不断产生磨屑。

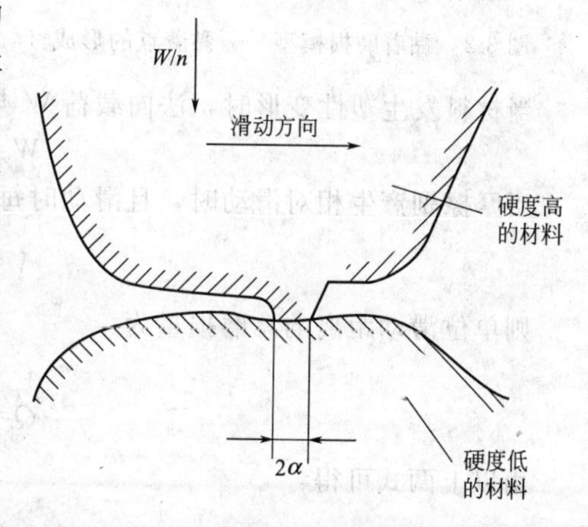

图 3-1　单个微凸体黏着模型

3.2.2　典型的黏着磨损

根据黏着点的强度和破坏位置不同，黏着磨损有几种不同的形式，从轻微磨损到破坏性严重的胶合磨损。它们的磨损形式、摩擦系数和磨损度虽然不同，但共同的特征是出现材料的迁移，以及沿滑动方向形成程度不同的划痕。

(1) 轻微黏着磨损　当黏结点的强度低于摩擦副的强度时，往往剪切发生在结合面上。此时摩擦系数不断增大，但磨损量却是很小，材料迁移也不显著。通常情况下在金属表面具有氧化膜、硫化膜或其他涂层时发生的磨损属于黏着磨损。

(2) 涂抹磨损　当黏结点的强度高于摩擦副中较软材料的剪切强度时，小于较硬金属的强度，破坏将发生在离结合面不远处软材料表层内，因而软材料黏附在硬材料表面上。这种磨损的摩擦系数与轻微磨损差不多，但磨损程度大于轻微黏着磨损。

(3) 擦伤磨损　当黏结强度高于摩擦副两材料强度时，剪切破坏主要发生在软金属表层内，有时也发生在硬金属表层内。迁移到硬材料上的黏着物又充当第二相粒子的作用，使软材料表面出现划痕，可见，擦伤主要发生在软材料表面。

(4) 胶合磨损　当黏结点强度比摩擦副两材料的剪切强度高得多，而且黏结点面积较大时，剪切破坏发生在一个或两个材料距表层较深的地方。这时材料两表面都出现严重的磨损，甚至出现了使摩擦副之间咬死而不能相对滑动的现象。

3.2.3 简单黏着磨损计算

黏着磨损的计算模型如图 3-2 和图 3-3 所示，也叫 Archaro 模型。假设两个接触的固体表面一个摩擦副为较硬的材料，另一个为较软的材料。法向载荷 W 由 n 个半径为 a 的相同微凸体承受。

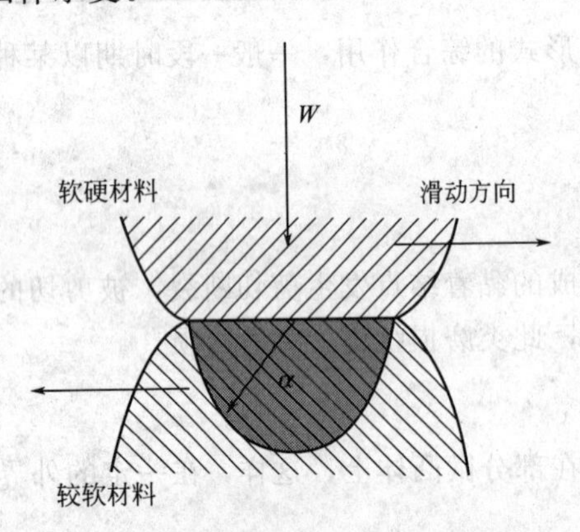

图 3-2　黏着磨损模型——黏着点的形成

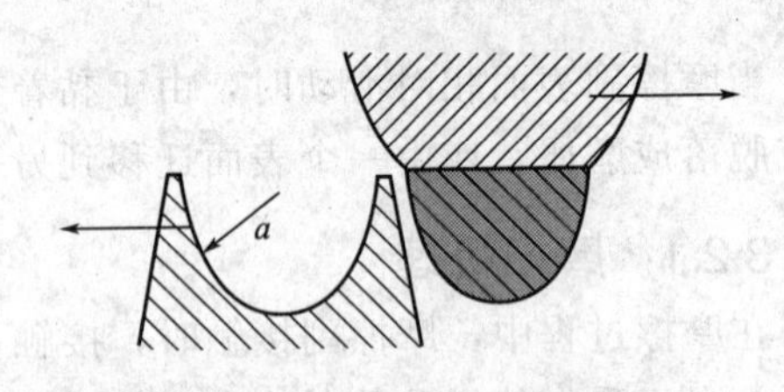

图 3-3　黏着磨损模型——黏着点的破坏

当材料发生塑性变形时，法向载荷 W 与较软材料的屈服极限 σ_s 之间的关系为：

$$W=\sigma_s \pi a^2 n \tag{3-1}$$

当摩擦副产生相对滑动时，且滑动时每个微凸体上产生的磨屑为半球形，其体积为：

$$V=\frac{2}{3}\pi a^3 \tag{3-2}$$

则单位滑动距离的总磨损量为：

$$Q=\frac{\frac{2}{3}\pi a^3}{2a}n \tag{3-3}$$

由以上两式可得：

$$Q=\frac{W}{3\sigma_s} \tag{3-4}$$

上式是假设了各个微凸体在接触时均产生一个磨粒而导出的。

如果考虑到微凸体相互产生磨粒的概率数 K 和滑动距离 L，则有接触表面的黏着磨损量表达式为：

$$Q=K\frac{WL}{3\sigma_s} \tag{3-5}$$

由于对于弹性材料有：

$\sigma_s \approx \frac{H}{3}$，$H$ 为布氏硬度值，则上式可变为：

$$Q=K\frac{WL}{H} \tag{3-6}$$

式中，K 为黏着磨损系数。

由此得出黏着磨损的三个定律。

① 材料磨损量与滑动距离成正比：适用于多种条件。

② 材料磨损量与法向载荷成正比：适用于有限载荷范围。

③ 材料磨损量与较软材料的屈服极限或硬度成反比。

图 3-4 为钢制的销钉在钢制圆盘上滑动的实验结果。图中给出了钢的磨损系数随压力的变化曲线。

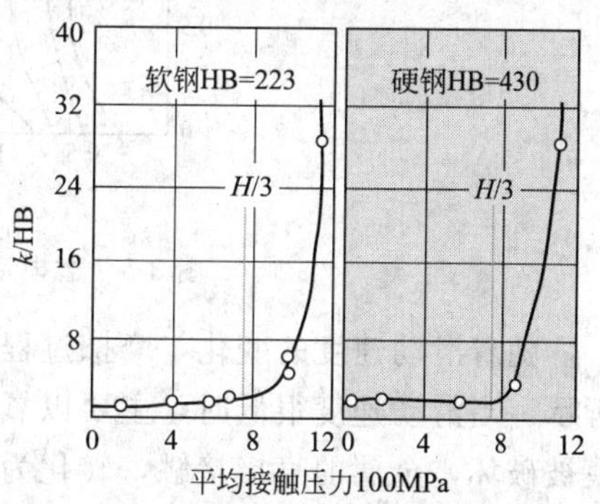

图 3-4　钢的磨损系数随压力的变化曲线

当压力值小于 $H/3$ 时，磨损量小而且保持不变（K 为常数）；当压力值大于 $H/3$ 时，磨损量急剧增大（K 急剧增大），这意味着在高载荷作用下会发生大面积的黏着焊连。对其他金属也有类似的情况，只是 K 开始增加时的平均压力值通常比 $H/3$ 稍低。

在压力值为 $H/3$ 作用下，各个微凸体上的塑性变形区开始发生相互影响。当压力值增加到 $H/3$ 以上时，整个表面变成塑性流动区，因此，实际接触面积不再与载荷成正比，出现剧烈的黏着磨损，摩擦表面严重破坏。

由于式中的 K 代表微凸体中产生磨粒的概率，即黏着磨损系数。因此 K 值必须由不同的滑动材料组合和不同的摩擦条件求得。

3.2.4　影响因素

（1）摩擦副材料　通常情况下，脆性材料的抗黏着磨损的能力比塑性材料高。塑性材料形成的黏着结点的破坏以塑性流动为主，它发生在离表面一定深度处，磨屑较大，有时长达 3mm，深达 0.2mm。而脆性材料黏结点的破坏主要的剥落，损伤深度较浅，同时磨屑容易脱落，不堆积在表面上。根据强度理论：脆性材料的破坏由正应力引起，而塑性材料的破坏决定于剪切应力。而表面接触中的最大正应力作用在表面，最大剪切应力却出现在离表面一定深度。所以材料塑性越高，黏着磨损越严重。相同金属或者互溶性大的材料组成的摩擦副黏着效应较强，容易发生黏着磨损，异性金属或者互溶性小的材料组成的摩擦副抗黏着磨损的能力较强。而金属和非金属组成的摩擦副的抗黏着磨损能力高于异种金属组成的摩擦副。从材料的组织结构而论，多相金属比单相金属的抗黏着磨损的能力高。通过表面处理方法在金属表面上生成硫化物，磷化物等薄膜将减少黏着效应，同时表面膜也限制了破坏深度，从而提高抗黏着磨损能力。此外，改善润滑条件，在润滑油中加入油性和极压添加剂，选用热传导性高的摩擦材料或加强冷却以降低表面温度，改善表面形貌以减少接触压力等都可以提高抗黏着磨损能力。

（2）载荷和硬度　一般情况下，随着载荷和硬度的增加，实际接触面积增加，摩擦系数和磨损量增加，具体情况如图 3-4 的描述。

（3）速度　在一定的载荷条件下，黏着磨损随滑动速度的增加而增加，在达到某一个极限值时，又随着滑动速度的增加而减少。图 3-5 为摩擦速度不大时，钢铁材料的磨损量随滑动速度、接触压力的变化规律。

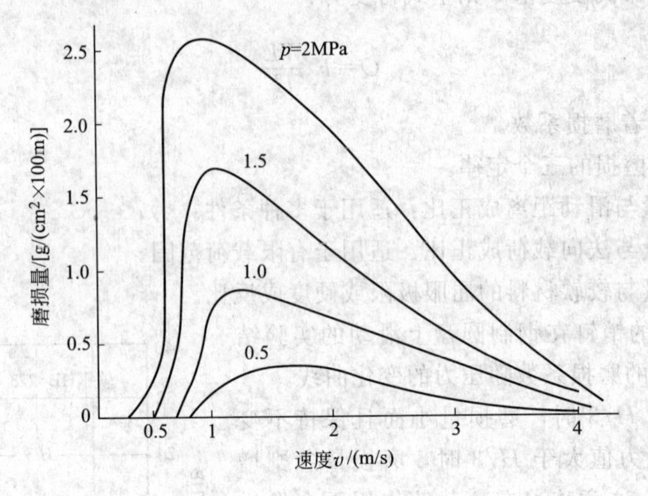

图 3-5 磨损量与滑动速度、接触压力之间的关系

随着滑动速度的变化，摩擦过程中的磨损类型由一种形式转变为另一种形式。如图 3-6 所示。当滑动速度很低时，主要以氧化磨损为主，磨损量较小；随着滑动速度的增大，氧化膜被破坏，金属的直接接触，转化为黏着磨损，磨损量显著增加；滑动速度继续增加，摩擦温度上升，有利于氧化膜的形成，又转化为氧化磨损，磨损量变小，滑动速度的进一步增加，又转化为黏着磨损，磨损量增加。

（4）表面温度　摩擦过程中产生的热量使表面温度升高，在表面接触点附近形成半球形的等温面，在表层一定深度处各接触点的等温面将汇合成共同的等温面。最外层是变形区，产生热量，因此表面温度最高，又因热传导作用造成变形区非常大的温度梯度，变形区以内为基体温度，变化平缓。当表面温度达到临界值时，磨损量和摩擦系数都急剧增加。

图 3-7 为温度对胶合磨损的影响。可以看出表面温度达到临界值（约 80℃）时，磨损量和摩擦系数均急剧增加。影响温度特性的重要因素是表面压力 p 和滑动速度 V，其中速度的影响更大，因此限制 p 和 V 值是减少黏着磨损和防止胶合发生的有效方法。

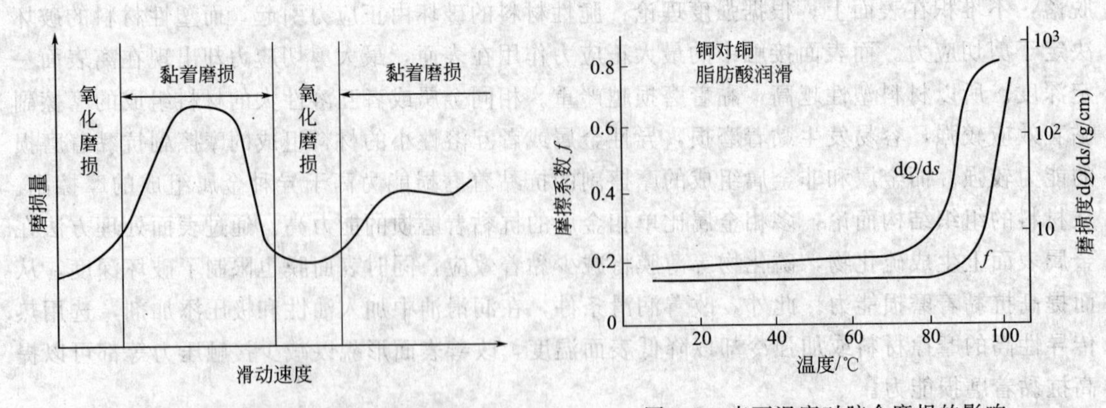

图 3-6 滑动速度与磨损类型的关系　　图 3-7 表面温度对胶合磨损的影响

（5）润滑脂和润滑油　在润滑油和润滑脂中加入油性或极压添加剂能提高润滑油吸附膜能力及油膜强度，能大大提高抗黏着磨损能力。

油性添加剂是由极性非常强的分子组成，在常温条件下，吸附在金属表面上形成边界润滑膜，防止金属表面的直接接触，保持摩擦面的良好润滑脂状态。

极压添加剂是再高温条件下，分解出活性元素与金属表面起化学反应，生成一种低剪切强度的金属化合物薄膜，防止金属表面因干摩擦或边界摩擦条件下而引起的黏着现象。

3.3　磨粒磨损

由外界硬质颗粒或硬表面的微峰在摩擦副对偶表面相对运动过程中引起表面擦伤与表面材料脱落的现象，称为磨粒磨损。其特征是在摩擦副对偶表面沿滑动方向形成划痕。例如：犁耙、挖掘机、铲车等的磨损是典型的磨粒磨损；水轮机叶片和船桨等与含有泥沙的水之间的磨损属于磨粒磨损；PTFE 与 GCr15 钢球之间由于 PTFE 具有自润滑性，磨屑在两个接触面之间起到第二相粒子的作用，形成典型的磨粒磨损。

3.3.1　磨粒磨损的分类

磨粒磨损有多种分类方法，以力的作用特点来分，可分为以下几种。

（1）低应力划伤式的磨粒磨损　它的特点是磨粒作用于零件表面的应力不超过磨粒的压碎强度，材料表面被轻微划伤。生产中的犁铧，及煤矿机械中的刮板输送机溜槽磨损情况就是属于这种类型。如图 3-8 所示。

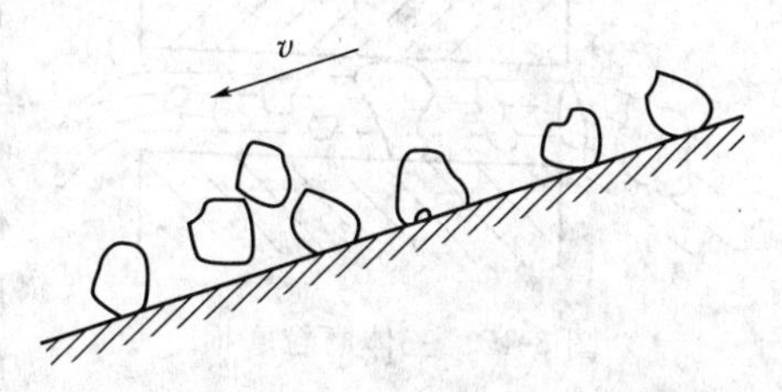

图 3-8　低应力划伤式的磨粒磨损

（2）高应力辗碎式的磨粒磨损　其特点是磨料与零件表面接触处的最大压应力大于磨粒的压碎强度。生产中球磨机衬板与磨球，破碎式滚筒的磨损便是属于这种类型，如图 3-9 所示。

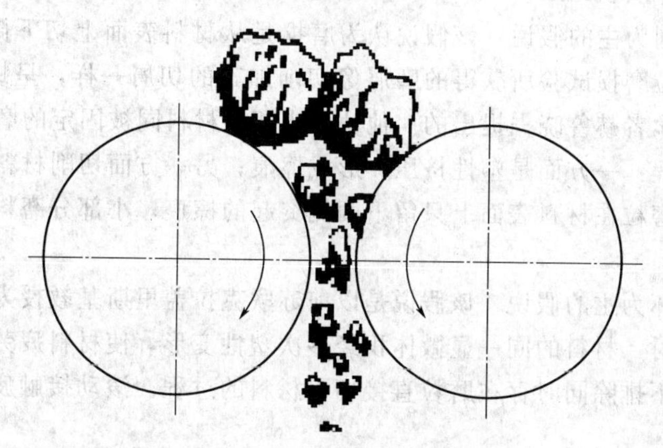

图 3-9　高应力辗碎式的磨粒磨损

（3）凿削式磨粒磨损　其特点是磨粒对材料表面有大的冲击力，从材料表面凿下较大颗粒的磨屑，如挖掘机斗齿及颚式破碎机的齿板，如图 3-10 所示。

磨粒磨损还可以以磨损接触物体的表面分类。

① 磨粒沿一个固体表面相对运动产生的磨损称为二体磨粒磨损。当磨粒运动方向与固体表面接近平行时，磨粒与表面接触处的应力较低，固体表面产生擦伤或微小的犁沟痕迹。如果磨粒运动方向与固体表面接近垂直时，常称为冲击磨损。此时，磨粒与表面产生高应力碰撞，在表面上磨出较深的沟槽，并有大颗粒材料从表面脱落，冲击磨损量与冲击能量有

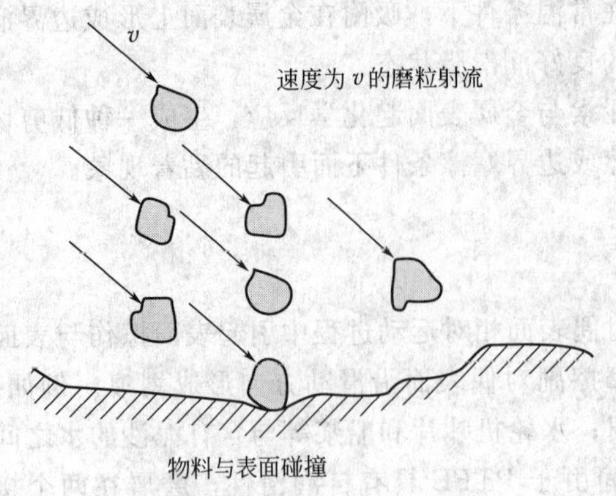

图 3-10　凿削式磨粒磨损

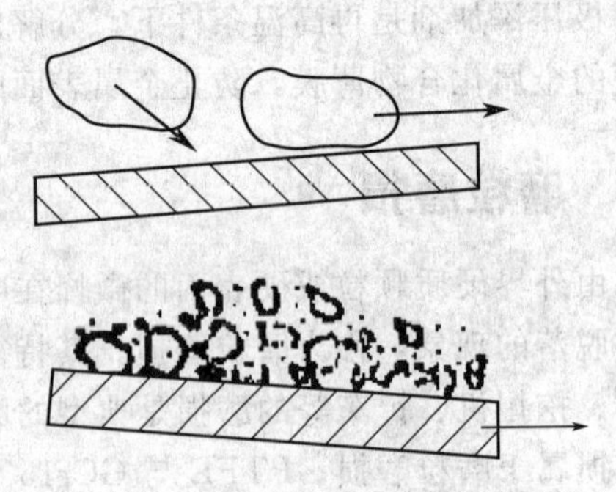

图 3-11　二体磨粒磨损

关。如图 3-11 所示。

② 在一对摩擦副中，硬表面的粗糙峰对软表面起着磨粒作用，这也是一种二体磨损，它通常是低应力磨粒磨损。

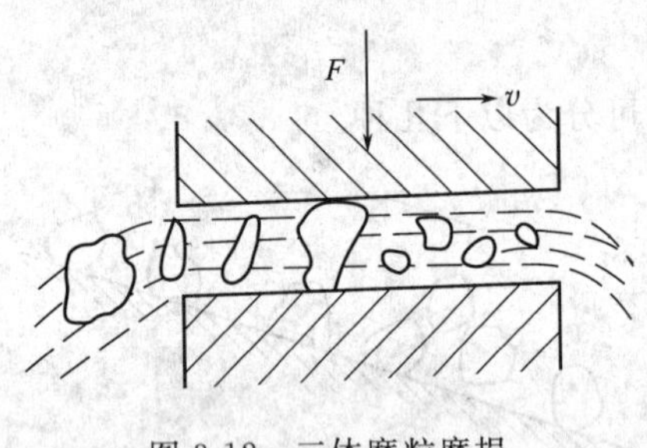

图 3-12　三体磨粒磨损

③ 外界磨粒移动于两摩擦表面之间，类似于研磨作用，称为三体磨粒磨损，通常三体磨损的磨粒与金属表面产生极高的接触应力，往往超过磨粒的压溃强度。这种压应力使韧性金属的摩擦表面产生塑性变形或疲劳，而脆性金属表面则发生脆裂或剥落。如图 3-12 所示。

3.3.2　磨粒磨损机理

(1) 以微量切削为主的假说　该假说认为磨损是从材料表面上切下微量切屑而造成的，根据是实验室里磨粒磨损试验所获得的磨屑像切削加工的切屑一样，呈螺旋形、弯曲形等。这种假说是前苏联学者赫鲁晓夫提出的。他认为当塑性材料同被固定的磨粒摩擦时，在材料表面内发生两个过程：一方面是塑性挤压、形成擦痕；另一方面切削材料，形成磨屑。在摩擦过程中，大部分磨粒在材料表面上只留下两侧突起的擦痕，小部分磨料，即棱面将切削材料，形成切屑。

(2) 以疲劳破坏为主的假说　该假说是以前苏联克拉盖里斯基教授为代表创立的。他认为材料同磨料摩擦时，材料的同一显微体积经多次塑性变形，使材料疲劳破坏，小颗粒从表层上脱落。但他并不排除同时存在磨粒直接切下材料的过程。滚动接触疲劳破坏产生的微粒多呈球形。

(3) 以压痕为主的假说　对塑性较大的材料，磨粒在压力作用下压入材料表面，在摩擦过程中压入的磨粒犁耕材料表面，形成沟槽，使材料表面受到严重的塑性变形，压痕两侧的材料已经受到破坏，其他磨料很容易使其脱落。

(4) 将断裂作为主要作用的假说　该假说主要针对脆性材料，以脆性断裂为主。当磨粒压入和划擦材料表面时，压痕处的材料产生变形，磨粒压入深度达到临界深度时，随压力而产生的拉伸应力足以使裂纹产生。裂纹主要有两种形式，一种是垂直于表面的中间裂纹，另一种是从压痕底部向表面扩展的横向裂纹。在这种压入条件下，横向裂纹相交或扩展到表面时，材料微粒便产生脱落，形成磨屑。由于裂纹能超过擦痕的边界，所以断裂引起的材料迁移率可能比塑性变形引起的材料迁移率大得多。实验证明，对于脆性材料，如果磨粒棱角尖锐、尺寸大，且施加载荷高时，以断裂过程产生的磨损占主要地位，故磨损率很高。

3.3.3　磨粒磨损的模型

图 3-13 为磨粒磨损的模型。简单的磨粒磨损的计算是根据微量切削假说计算的。将磨粒看做是锥形的硬质颗粒，这样在滑动过程中，在软材料的表面犁出一道犁沟。

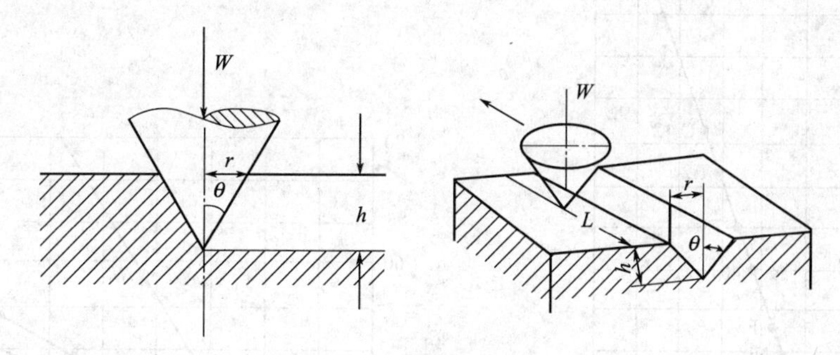

图 3-13　磨粒磨损的模型

假设磨粒的形状均为圆锥体，半角为 θ，锥底直径为 r（即犁出的沟槽宽度），载荷为 W，压入深度为 h，滑动距离为 L，屈服极限为 σ_s。这样，在垂直方向的投影面积为：

$$\pi r^2 \tag{3-7}$$

滑动时只有半个锥面（前进方向的锥面）承受载荷，共有 n 个微凸体，则所承受的法向载荷为：

$$W = n\,\frac{\pi r^2}{2}\sigma_s \tag{3-8}$$

将犁去的体积作为磨损量，其水平方向的投影面积为一个三角形，由于单位滑动距离的磨损量为：

$$Q = nhr \tag{3-9}$$

又因为：

$$r = n\tan\theta \tag{3-10}$$

所以：

$$Q = \frac{2W}{\pi\sigma_s\tan\theta} \tag{3-11}$$

如果考虑到微凸体相互作用产生磨粒的概率数 K 和滑动距离 L，并且代入材料的硬度 $H = 3\sigma_s$，则接触表面的磨损量表达式为：

$$Q = KL\,\frac{2W}{\pi\sigma_s\tan\theta} = K_s\,\frac{WL}{H} \tag{3-12}$$

式中，K_s 为磨粒磨损系数，与磨粒硬度、形状和切削作用的磨粒数量等因素有关。

应当指出，上述的分析忽略了磨粒的分布、材料弹性变形等实际因素。因此上式近似地适用于二体磨粒磨损。在三体磨粒磨损中，一部分磨粒的运动是沿表面滚动，不产生切削，K_s 值明显减小。从上式看出，黏着磨损定律也适用于磨粒磨损。

3.3.4　影响因素

（1）材料的硬度　如图 3-14 所示，对于纯金属和退火钢，耐磨性与硬度成正比。相对耐磨性 ε 为标准试样的磨损量和被评价试样磨损量之比，其值越大，说明材料的耐磨性越好。

正常淬火后不同温度回火的几种钢的磨粒磨损实验结果如图 3-15 所示。淬火回火钢的耐磨性随着硬度的增加而增大，增大的速度较为缓慢。此外，硬度相同时，钢中的碳含量及碳化物形成元素含量越高，耐磨性越好。

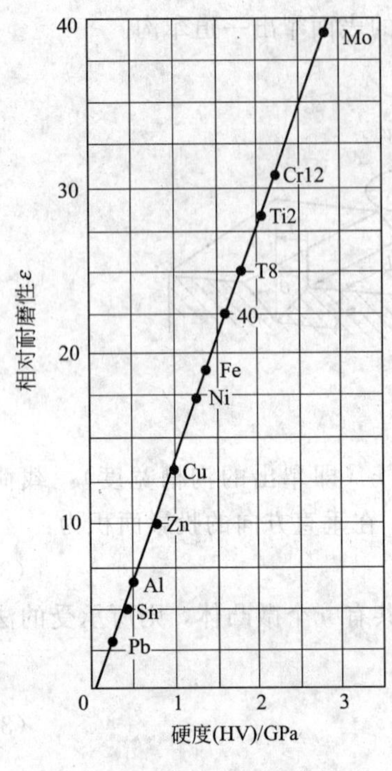

图 3-14 耐磨性与硬度的关系

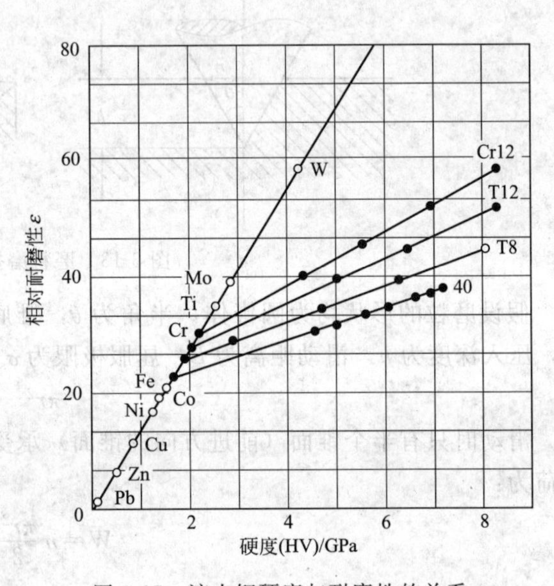

图 3-15 淬火钢硬度与耐磨性的关系

（2）加工硬化　图 3-16 为表面冷作硬化对低应力磨粒磨损耐磨性的影响。从图中可以看出，冷作硬化后表层硬度的提高并没有使耐磨性增加，甚至有所降低。只有机械零件实际使用条件与上述相近时，以上结论才能使用。如果机械零件在复杂的条件下工作，例如：表面的机械冷作（喷丸处理、碾压强化、滚压强化）是提高机械零件疲劳强度的方法，由于提高了材料的表面强度，这对以黏着磨损为主的磨损，可以提高其耐磨性。

对于高应力磨粒磨损实验表明，材料在受高应力冲击载荷下，表面会受到加工硬化，硬度越高，耐磨性越好。例如：高锰钢在淬火后为软而韧的奥氏体组织，当受低应力磨损时，耐磨性不好，而在高应力磨损情况下，它具有很高的耐磨性，这是由于奥氏体的塑性变形时其加工硬化率很高，表面奥氏体转变成很硬的马氏体组织。

（3）相对硬度　相对硬度也是磨粒磨损重要的影响因素，如图 3-17 所示。

当磨粒硬度低于试样硬度，即磨粒硬度 $H_0 \leqslant 0.7H$ 时，属于轻微磨损阶段。

当磨粒硬度高于试样硬度，即磨粒硬度 $0.7H < H_0 < 1.3H$ 时，磨损量随磨粒硬度迅速增大，属于过渡磨损阶段。

当磨粒硬度远高于试样硬度，即磨粒硬度 $H_0 \geqslant 1.3H$ 时，将产生严重磨损，磨损量不再随磨粒硬度而变化。

由此可知，降低磨粒磨损，材料硬度大约为磨粒硬度的 1.4 倍，不必过于追求金属的硬度，硬度太高并不能提高其耐磨性。

（4）磨粒尺寸　一般情况下，金属的磨损量随着磨粒平均尺寸的增大而增加，到达某一

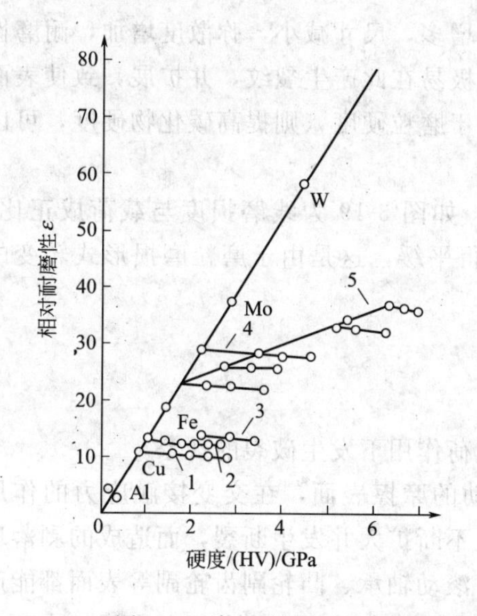

图 3-16 加工硬化对耐磨性的影响

1—黄铜；2—铝青铜；3—铍青铜；4—ICr18Ni9 奥氏体不锈钢；

5—45 钢经 5 种热处理获得不同硬度后冷作硬化

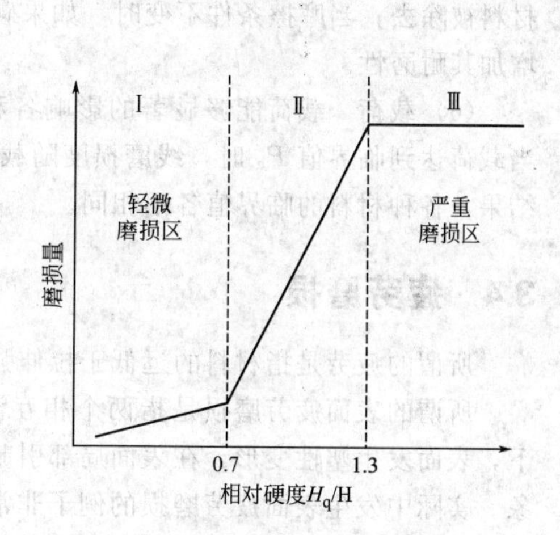

图 3-17 相对硬度与耐磨性的关系

个临界值时，磨损量保持不变。钢磨损量与磨粒尺寸的关系如图 3-18 所示。

各种材料磨粒临界尺寸不尽相同，磨粒的临界尺寸与共作零件的结构和精度有关。例如：柴油机油泵柱塞副的磨损，认为 3～6μm 的机械杂质引起的磨损量最大；发动机的磨损，认为 20～30μm 的磨粒对缸套磨损最严重。

(5) 显微组织　显微组织对磨粒磨损的影响，一般分为基体组织和第二相组织两种情况。

铁素体硬度太低，耐磨性较差，马氏体硬度高，耐磨性好；下贝氏体的耐磨性好于回火马氏体；钢中残余奥氏体在低应力磨损时，当残余奥氏体数量较多时，其耐磨性降低，反之，在高应力磨损时，残余奥氏体能转变为马氏体，而提高耐磨性。可见，有铁素体转变成珠光体、贝氏体、马氏体时，耐磨性提高。

碳化物在钢中属于第二相，在磨粒磨损中材料的耐磨性与碳化物的基体的相对硬度大小

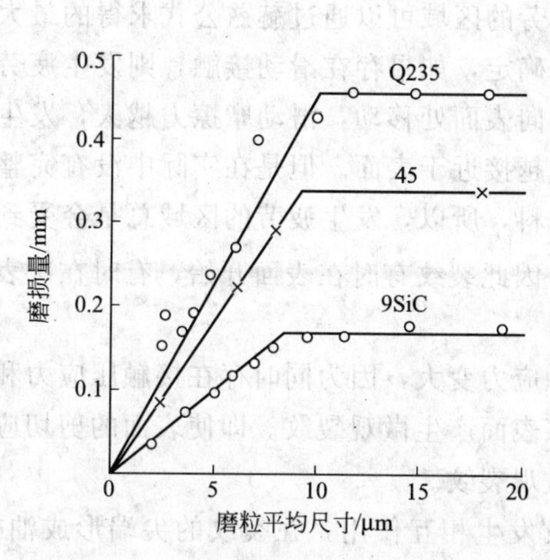

图 3-18 磨损量与磨粒尺寸的关系

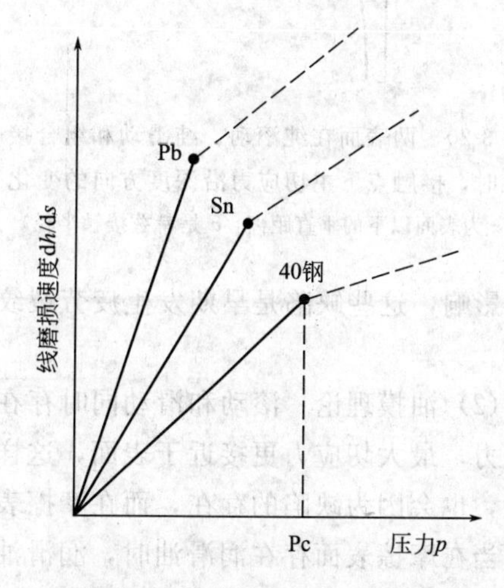

图 3-19 线磨损度与载荷的关系

以及碳化物的硬度有关。在软基体中，碳化物的数量增多，尺寸减小，弥散度增加，耐磨性提高；在硬基体中碳化物降低了材料的耐磨性，材料极易在此产生裂纹，并扩展，致使表面材料被除去；当摩擦条件不变时，如果碳化物硬度低于磨粒硬度，则提高碳化物硬度，可以增加其耐磨性。

（6）载荷　载荷能够显著的影响各种磨粒磨损，如图 3-19 为线磨损度与载荷成正比。当载荷达到临界值 P_c 时，线磨损度随载荷的增加变得平缓，这是由于磨粒磨损形式转变的结果，各种材料的临界值各不相同。

3.4 疲劳磨损

所谓的疲劳是指材料的远低于拉伸强度的交变载荷作用下发生破裂的现象。

所谓的表面疲劳磨损是指两个相互滚动或兼滑动的摩擦表面，在交变接触应力的作用下，表面发生塑性变形，在表面局部引起裂纹，裂纹不断扩大并发生断裂，而造成的剥落现象。实际中发生表面疲劳磨损的例子非常多，例如：滚动轴承、凸轮副齿轮副等表面都能产生表面疲劳磨损。此外摩擦表面粗糙凸峰周围应力场变化引起的微观疲劳现象也属于表面疲劳磨损。

3.4.1 疲劳磨损机理

（1）最大切应力理论　表面疲劳磨损机理可以用赫兹公式来解释。在赫兹公式中，最大切应力产生于离表面一定距离的下层，如图 3-20 和图 3-21 所示。由于滚动的结果，其最大应力出的材料首先发生屈服而塑性变形。随着外界载荷的反复作用，材料在发生塑性变形处出现裂纹，并沿最大切应力方向开始扩展，最后形成疲劳破坏，被从基体上分离出来，并在摩擦表面留下凹坑，称为点蚀，这种凹坑小而深；或以鳞片状从基体表面脱落下来，称为剥落，这种凹坑大而浅。

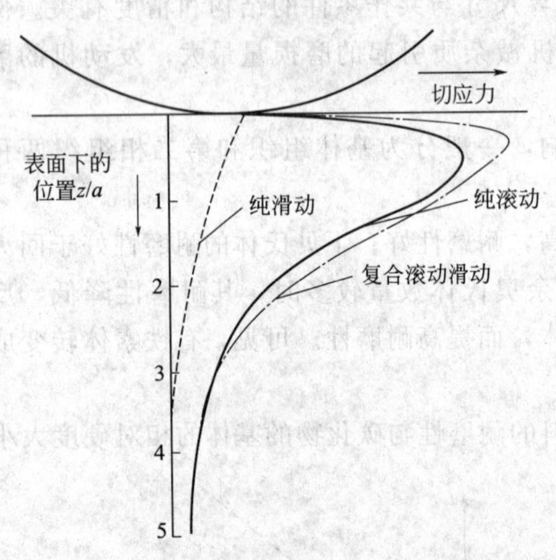

图 3-20　两表面在纯滚动、纯滑动和组合接触时，接触点下主切应力沿深度方向的变化（z 为表面以下的垂直距离，a 是赫兹接触半径）

对于没有缺陷的材料来说，在滚动接触时，发生疲劳的区域可以通过赫兹公式求得的最大切应力来确定，如果存在滑动接触，则发生疲劳的区域将向表面处移动，滑动摩擦力越大，发生疲劳区域越接近于表面。但是在实际中没有完整无缺的材料，所以，发生疲劳的区域总是会受到缺陷的影响，这些缺陷是早期发生疲劳裂纹的根源，因此裂纹有时在表面开始，有时在次表面开始。

（2）油摸理论　滚动和滑动同时存在时，接触应力变大，因为同时存在接触压应力和剪切应力，最大切应力更接近于表面，这样就在摩擦表面产生微观裂纹。即使表面的剪切应力不大，也会因为缺陷的存在，而在摩擦表面产生微观裂纹。

当在摩擦表面存在润滑油时，润滑油和微裂纹发生相互作用，在裂纹的尖端形成油楔，如图 3-22 所示。若滚动方向与裂纹方向一致，裂纹被封住，润滑油不能流出，这样裂纹内两侧受到巨大的压力，而在表面呈现出30°～45°倾角的裂纹。若干周次后，裂纹向材料内部扩展，而裂纹处的金属被剥离，在表面留下深度不等的麻点剥落凹坑，一般剥落深度为0.1～0.2mm。

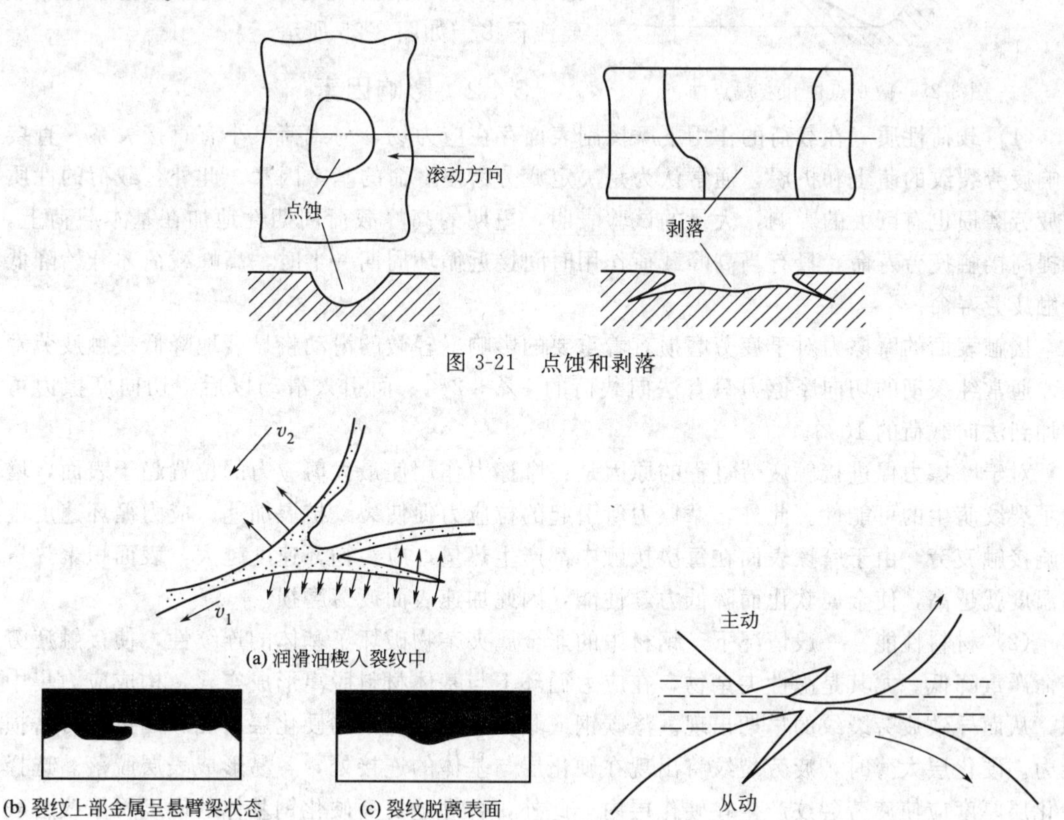

图 3-21 点蚀和剥落

图 3-22 表面裂纹示意

图 3-23 疲劳具有方向性

在摩擦过程中，在摩擦力的作用下，金属表面材料会发生流动，这样疲劳往往具有一定的方向性，但与摩擦力方向一致。如图3-23所示。主动轮裂纹中油在摩擦过程中被挤出，从动轮上的裂纹在油膜压力的作用下开始扩展，同时油压使裂纹尖端产生压力降。因此主动轮裂纹扩展缓慢，工作寿命长。

总的来说，对于滚动接触的理想材料，疲劳破坏位置取决于赫兹方程求得的最大交变切应力的位置；对于滚动和滑动同时存在的材料，疲劳破坏位置移向表面；对于不理想的材料，疲劳破坏位置与材料内部的杂质、孔隙、微观裂纹等因素有关。

(3) 微观点蚀磨损理论　该理论认为，裂纹产生的位置比最大切应力理论的位置更近于表面。最大切应力理论用宏观的赫兹接触应力来分析的，这种分析是以接触区表面理想光滑，接触应力成椭圆分布为前提的。如图3-24所示的光滑表面应力分布曲线。但是实际中没有理想的光滑表面，真实表面是粗糙的，实际接触为微凸体的接触，这样表面粗糙度会对赫兹接触应力有一定的影响，产生调幅现象。微凸体每个峰点进入接触时都产

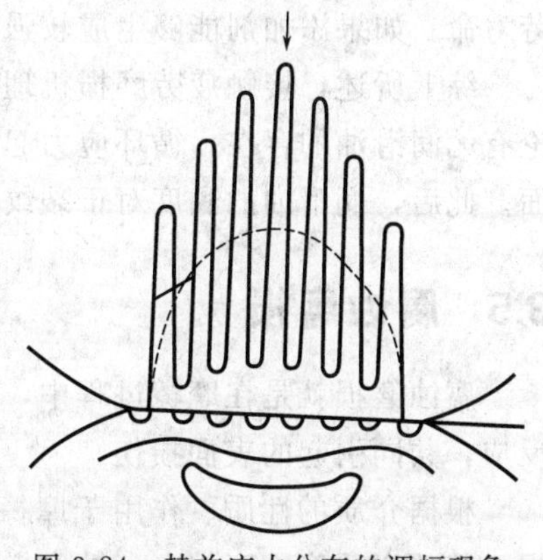

图 3-24 赫兹应力分布的调幅现象

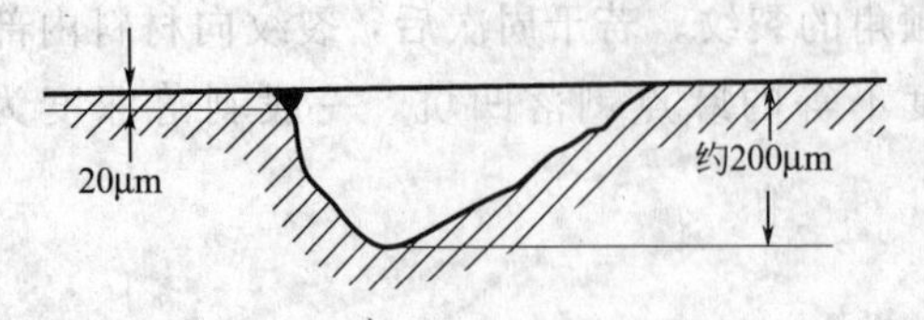

图 3-25 微观点蚀和宏观点蚀

生应力分布，这种接触区峰点作用引起的点蚀叫做微观点蚀。相对于宏观点蚀来说，微观点蚀的最大切应力更接近于表面，裂纹深度比宏观点蚀要浅得多。如图 3-25 所示。

3.4.2 影响因素

（1）载荷性质　在载荷的作用下摩擦副表面存在应力场，与载荷大小有直接关系，直接影响疲劳裂纹的萌生和扩展，通常认为是决定疲劳磨损寿命的基本因素。此外，载荷的性质对疲劳磨损也有巨大的影响，大量的试验表明，短期的高峰载荷周期性地加在基本载荷上，会提高接触疲劳寿命，只有当高峰载荷作用时间接近循环周期一半时，高峰载荷才开始降低接触疲劳寿命。

接触表面的摩擦力对于疲劳磨损有着重要的影响。轻微的滑动将显著地降低接触疲劳寿命。通常纯滚动的切向摩擦力只有法向载荷的 1%～2%，而引入滑动以后，切向摩擦力可增加到法向载荷的 10%。

对于摩擦力促进接触疲劳过程的原因是：摩擦力作用使最大剪应力的位置趋于表面，增加了裂纹萌生的可能性。此外，摩擦力所引起的拉应力促使裂纹扩展加速。应力循环速度也影响接触疲劳，由于摩擦表面在每次接触中都产生热量，应力循环速度越大，表面积聚热量和温度就越高，使金属软化而降低力学性能，因此加速表面疲劳磨损。

（2）材料性能　一般情况下，钢材中的非金属夹杂物破坏了基体的连续性，使接触疲劳寿命严重降低。尤其是脆性夹杂物，在应力循环下与基体材料脱离形成空穴，构成应力集中源，从而导致疲劳裂纹的早期出现。渗碳钢或其他表面硬化钢的硬化层厚度影响抗疲劳磨损能力。硬化层太薄时，疲劳裂纹将出现在硬化层与基体的连接处，容易形成表层脱落。选择硬化层厚度应使疲劳裂纹产生在硬化层内。此外，合理地提高硬化钢基体的硬度可以改善表面抗疲劳磨损性能。通过增加材料硬度可以提高抗疲劳磨损的能力，但硬度过高，材料脆性增加，反而降低疲劳寿命。摩擦表面的粗糙度与疲劳寿命密切相关，以滚动轴承为例，粗糙度为 R_a0.2 的轴承寿命比 R_a0.4 的高 2～3 倍，R_a0.1 的又比 R_a0.2 的高一倍，R_a0.05 的比 R_a0.1 的高 0.4 倍，而粗糙度低于 R_a0.05 的对寿命寿命影响甚微。

（3）润滑剂的物理与化学作用　试验表明，增加润滑油的黏度可以提高抗接触疲劳的能力。此外，润滑油的化学成分不同可以影响接触疲劳寿命，一般说来，润滑剂中含氧和水分时将剧烈的降低接触疲劳寿命，当含有对裂纹尖端有腐蚀作用的化学成分时，也显著降低疲劳寿命。如果添加剂能够生成较强的表面膜并减少摩擦时，将提高疲劳磨损寿命。

综上所述，接触疲劳磨损机理可以归纳如下：在疲劳磨损的初期阶段是形成微裂纹，无论有无润滑油的存在，循环应力起着主要作用。裂纹萌生在表面或者表层，但很快扩展到表面。此后，润滑油的黏度对于裂纹扩展起重要影响。

3.5 腐蚀磨损

腐蚀磨损就是在摩擦过程中，由于机械作用以及金属表面与周围介质发生化学或电化学反应，共同引起的表面损伤。

根据介质的性质、作用于摩擦表面的状态以及摩擦材料性能，腐蚀磨损分为：氧化磨损、特殊介质腐蚀磨损、气蚀和微动磨损。

3.5.1 氧化磨损

（1）氧化磨损机理　金属摩擦副在氧化性介质中工作时，在金属表面必然要生成一层氧化膜，能够避免金属间的直接接触，在工作过程中，氧化膜被剥落，但很快又重新生成，如此周而复始，这种过程所造成的材料损伤称为氧化磨损。可见，氧化磨损是化学氧化和机械磨损两种作用相互进行的过程。

由于大气中含有氧，所以氧化磨损最常见，通常情况下，氧化磨损比较轻微。当形成的氧化膜为脆性氧化膜时，氧化膜与基体连接处的剪切强度较低，两相的结合不好，可靠性较差，磨损速率大于氧化速率，磨损量变大；当形成的氧化膜为韧性氧化膜时，氧化膜与基体连接处的剪切强度较高，两相的结合牢固，可靠性好，磨损速率小于氧化速率，氧化膜起到减磨的作用，磨损量变小。

（2）影响因素

① 滑动速度　在载荷不变的条件下，磨损类型与速度都随滑动速度而变化，如图 3-26 所示。当滑动速度较小时，主要以氧化磨损为主，磨损量很小；随滑动速度的增加，氧化膜遭到破坏，金属之间直接接触，转化为黏着磨损，磨损量显著增大；滑动速度进一步增加，摩擦温度上升，有利于氧化膜形成，表面转化为氧化磨损，磨损量又减小，如滑动速度在增大，又将转化为黏着磨损，磨损剧烈。

② 载荷　滑动速度不变时载荷与磨损类型的关系如图 3-27 所示。从图中看出，随着载荷的增加，磨损由氧化磨损转变为黏着磨损。载荷较小时，以氧化磨损为主，载荷达到临界值 W_c 时，将转变为黏着磨损，危害性增大。

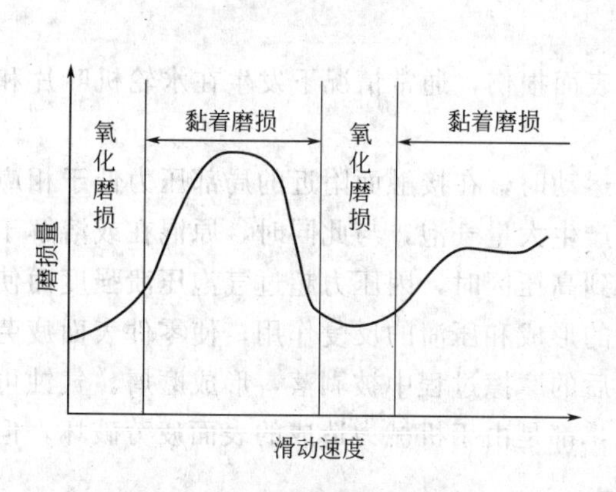

图 3-26　磨损类型与滑动速度的关系

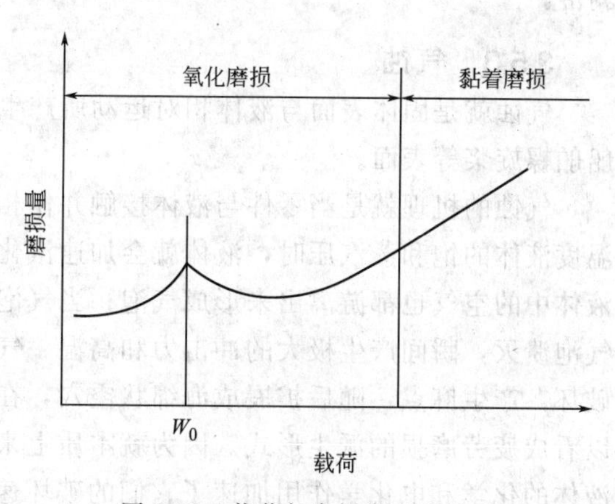

图 3-27　载荷与磨损类型的关系

③ 氧化膜硬度　磨损受到氧化膜硬度值 H_0 和基体金属硬度值 H 的影响。

若 H_0 大于 H，氧化膜容易破碎，产生磨损；

若 H_0 约等于 H，在低载荷时，由于变形较小，氧化膜和基体金属几乎同步变形，氧化磨损较小，但如果变形量很大，氧化膜同样容易破碎，产生磨损；若 H_0 和 H 都很高，载荷引起的变形量较小，氧化膜不易破碎，耐磨性较好。

④ 介质含氧量　介质含氧量会直接影响磨损率，由于空气中所形成的氧化膜强度较高，与基体金属结合牢固的原因，金属在还原性气体、惰性气体、纯氧介质中的磨损量比空气中要大。

⑤ 润滑状态　如果在接触表面之间添加油脂，油脂起到减磨的作用为，又能够使摩擦

表面与空气中的氧气隔离开来，减小氧化膜生成的速度。但油脂的添加，一旦油脂与氧气发生反应，生成酸性氧化物，会腐蚀摩擦表面。

3.5.2 特殊介质腐蚀磨损

对于在化工设备种工作的摩擦副，由于金属表面与酸、碱、盐等介质作用而形成腐蚀磨损。腐蚀磨损的机理与氧化磨损相似，但磨损痕迹较深，磨损量也较大。磨屑呈粒状和丝状，它们是表面金属与周围介质的化合物。金属表面也可能与某些特殊介质起作用而生成耐磨性较好的保护膜。为了防止和减轻腐蚀磨损，可从表面处理工艺、润滑材料及添加剂的选择等方面采取措施。

影响因素主要有以下几种。

(1) 介质性质和温度　一般情况下，金属的磨损率随着介质腐蚀性的增强而加快，随着温度的升高而增大。

(2) 合金元素　合金元素对腐蚀磨损的影响较大，一般情况下，元素镍、铬、钛在特殊介质作用下，容易形成化学结合力较高，结构致密的钝化膜，减轻腐蚀磨损；元素钨、钼在500℃以上，表面形成保护膜，致使摩擦系数减小，故元素钨、钼也是抗高温腐蚀磨损的重要金属材料。另外，由碳化钨、碳化钛等组成的硬质合金都具有高抗腐蚀磨损能力；含有元素镉、铅的滑动轴承材料很容易被润滑油里的酸性物质腐蚀，在轴承表面上生成黑点，逐渐扩展成海绵状空洞，在摩擦过程中成小块被剥落；含有元素银、铜的轴承材料在温度较低时，与油中硫化物生成薄膜，起到减磨的作用，但高温时，薄膜容易破裂，在摩擦过程中被剥落。

3.5.3 气蚀

气蚀就是固体表面与液体相对运动所产生的表面损伤，通常情况下发生在水轮机叶片和船舶螺旋桨等表面。

气蚀的机理就是当零件与液体接触并作相对运动时，在接触面附近的局部压力低于相应温度液体的饱和蒸汽压时，液体就会加速汽化而产生大量气泡，与此同时，原混在或溶解于液体中的空气也都游离出来形成气泡；当气泡流到高压区时，因压力超过气泡压溃强度而使气泡溃灭，瞬间产生极大的冲击力和高温。气泡的形成和压溃的反复作用，使零件表面疲劳破坏，产生麻点，随后扩展成海绵状空穴，在随后的摩擦过程中被剥落，形成磨屑。气蚀可以看成疲劳磨损的派生形式。因为就本质上来说，都是由于机械力造成的表面疲劳破坏，但液体的化学和电化学作用加速了它们的破坏速度。

气蚀的防止措施就是减少气泡的产生。由于涡流区压力低，容易产生气泡，这样就应该使在液体中流动的表面具有一定的流线型，避免在局部地方出现涡流。此外还应该减少液体中含气量和液体流动中的扰动，减少气泡的产生。

3.5.4 微动磨损

相对静止的两个接触表面沿切向作微幅相对振动时所产生的磨损，称为微动磨损。通常发生在静配合的轴和孔表面、一些连接体上（花键、销、螺钉）的接合面上。

微动磨损机理就是当两接触表面受到法向载荷时，接触微峰产生塑性流动而发生黏着，在微幅相对振动作用下，黏着点被剪切而破坏，并产生磨屑；磨屑和被剪切形成的新表面逐渐被氧化，在连续微幅相对振动中，出现氧化磨损。由于表面紧密贴合，磨屑不易排出而在接触表面间起磨粒作用，因而引起磨粒磨损。如此循环不止，即是微动磨损全过程。当振动应力足够大时，微动磨损处会形成疲劳裂纹，裂纹的扩展会导致表面早期破坏。

可见，微动磨损是黏着磨损、腐蚀磨损、磨粒磨损以及疲劳、磨损复合并存的磨损形式，但起主要作用的是接触表面间黏着处因微幅相对振动而引起的剪切以及其后的氧化过程，因此，有人将其称为微动腐蚀磨损。

微动磨损的影响因素主要有以下几种。

(1) 材料的性质　摩擦副材料组合是影响微动磨损重要因素。通常情况下，抗黏着磨损性能好的材料同样具有较好的抗微动磨损性能。提高硬度可以降低微动磨损，一般来说微动磨损与材料的表面粗糙度无关。

(2) 润滑油　良好的润滑可以减小微动磨损，因为润滑膜能够防止表面氧化。

(3) 载荷　一般情况下，微动磨损的磨损量随着载荷的增加而增多，但超过一定载荷时，磨损量随着载荷的增加而减少。

(4) 振荡频率和振幅　通常情况下，振幅小时，金属的微动磨损不受振动频率的影响，但振幅较大时，微动磨损的磨损量随着振动频率的增加而降低。

综上所述，上述几种磨损共同的特点就是接触表面与周围的介质发生化学反应，并此化学反应对磨损机理起到重要的意义，所以，上述几种磨损归结为腐蚀磨损。

第4章 磨损特征和理论

磨损问题可以从两个角度去研究，即微观研究和宏观研究。第3章讲述了各种磨损的类型以及磨损的机理，这属于微观研究。而将各种磨损看作致使材料发生损伤的一个问题时，对其磨损规律和防止措施进行研究，这属于宏观研究，这为工程的应用提供可靠的科学依据。这两种研究是把机理研究和工程应用研究结合起来，更有效地分析问题，处理实际的磨损问题。

4.1 磨损曲线

如图4-1所示，机械零件的磨损过程大致分为3个阶段：Ⅰ为跑和阶段；Ⅱ为稳定磨损阶段；Ⅲ为剧烈磨损阶段。

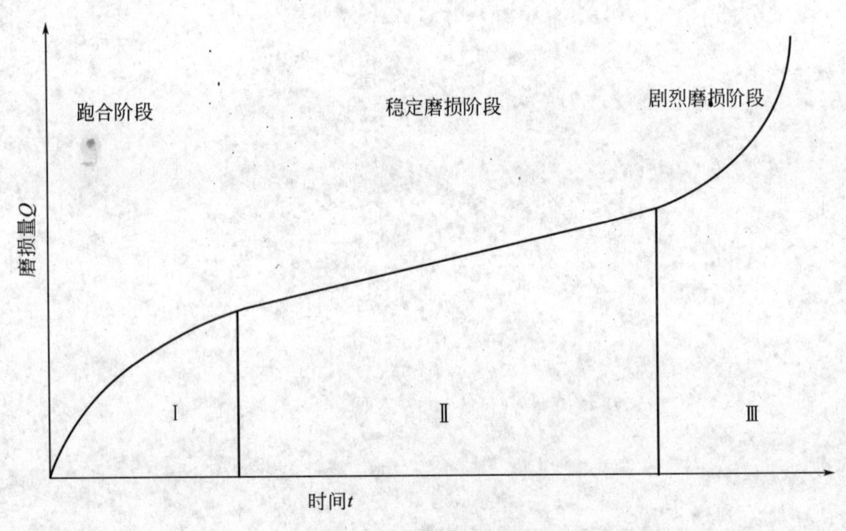

图4-1 磨损的过程

跑合磨损阶段为新的摩擦副在运行初期，由于对偶表面的表面粗糙度值较大，实际接触面积较小，接触点数少而多数接触点的面积又较大，接触点黏着严重，因此磨损率较大。但随着跑合的进行，表面微峰峰顶逐渐磨去，表面粗糙度值降低，实际接触面积增大，接触点数增多，磨损率降低，为稳定磨损阶段创造了条件。为了避免跑合磨损阶段损坏摩擦副，因此跑合磨损阶段多采取在空车或低负荷下进行；为了缩短跑合时间，也可采用含添加剂和固体润滑剂的润滑材料，在一定负荷和较高速度下进行跑合。跑合结束后，应进行清洗并换上新的润滑材料。

稳定磨损阶段出现在摩擦副的正常运行阶段，经过跑和，摩擦表面加工硬化，微观几何形状改变，实际接触面积增大，压强降低，从而建立了弹性接触的条件，这时磨损已经稳定下来，从图中可知，磨损量随时间的增加而缓慢增大。

材料在剧烈磨损阶段由于摩擦条件发生较大的变化，例如：温度的升高、表面形态的变化、材料转移现象的出现等等，磨损速度急剧增加，这时机械效率下降，精度降低，出现异常的噪声及振动，最后导致机械零件完全失效，磨损量随时间增加急剧增大。从提高机械零件的使用寿命来看，应该延长材料的稳定磨损阶段。

4.2 磨损率和氧化假说

4.2.1 磨损率

磨损率是衡量材料耐磨性的一项重要指标，也是研究材料摩擦磨损性能的重要内容。然而对于磨损率的研究，在早期的研究理论中，汤姆林逊（Tomlinson）提出过一种模型，他认为金属材料表面的原子发生的迁移是金属材料分子间作用力所致。同时推算出磨损与金属的流动压力成反比。后来的科学家在此基础上取得进展，当滑动开始时，原子和原子之间接触，会有原子排出，滑动距离为 S 时，磨损体积为：

$$V=ZAS \tag{4-1}$$

式中，A 为实际接触面积；Z 为每次接触时原子的排出数。

实际接触面积为：

$$A=\frac{W}{N} \tag{4-2}$$

式中，W 为所作用的载荷；N 为较软金属的流动压力。

由以上两式可得：

$$\frac{V}{S}=Z\frac{W}{N} \tag{4-3}$$

V/S 为单位滑动距离的体积磨损率。从式中可见，它和流动压力成反比。此方程也称为霍姆方程。

由于金属材料被磨损后，表面脱落的材料成为磨屑，形状为颗粒状，且要比一个原子大得多，所以科学家对霍姆方程存在争议。

鲍威尔和斯特兰用圆锥形的黄铜和钢制销钉的移动，验证了霍姆方程，并作出磨损率与接触应力之间的关系曲线。他们认为当接触应力小于销钉材料的抗拉屈服应力时，霍姆方程成立；当接触应力大于销钉材料的抗拉屈服应力时，霍姆方程不成立，此时磨损率增加了许多。因此对霍姆方程进行了修正，将方程中的 Z 用 β 来代替，则有：

$$h=\beta\frac{\sigma}{N}S \tag{4-4}$$

式中，h 为磨损时的高度损耗；σ 为接触应力；β 为一次接触时产生磨屑的概率。

从式中看出，当接触应力等于黄酮的流动压力时，进入严重的磨损状态。

在艾查德提出的模型中，他认为两个固体接触表面实际上是微凸体的接触，且随着载荷的增加接触的微凸体随之增加，实际接触面积也随之增加。

假设磨损是金属表面排出磨屑造成的。设磨损是平均直径为 $2r$ 的半球形，实际接触面积 A 为：

$$A=n\pi r^2 \tag{4-5}$$

式中，n 为接触点的数目。

由于实际接触面积为：

$$A=\frac{W}{N} \tag{4-6}$$

则有：

$$n=\frac{W}{N\pi r^2} \tag{4-7}$$

对于直径为 $2r$ 的圆形结点，受到切向力时，断开一个接点的水平距离可以看作为 $2r$。这样，总的微凸体数目为 n，故单位滑动距离的微凸体数目 n_0 为：

$$n_0=\frac{n}{2r} \tag{4-8}$$

但是不能说所有断开的接点均能成为磨屑，应该重点考虑这个问题。因此，假设在单位滑动距离的接点 n_0 中成为磨屑数目存在一个概率 β。那么在较长距离 S 中所得的磨屑总体积为 V 时，则单位滑动距离的磨损率为：

$$\frac{V}{S}=\beta\frac{W}{3N} \tag{4-9}$$

可见，上述方程与霍姆方程很是相似，表明，磨屑体积和接触面积无关。

实际的接触面积不会是规则排列的半球形微凸体，有可能介于圆锥形和半球形之间。假设为圆锥形的微凸体表面，则金属材料的磨损率表达式推导如下。

如图 4-2 所示，上表面为光滑平面，下表面为圆锥体微凸体面，圆锥体面与光滑表面的距离分别为 0、h、4h、2h、3h 等，并设微凸体在空间是随机分布的，与光滑平面发的底角为 θ。微凸体在受到外力的情况下，与 $Z=0$ 线作相对运动。

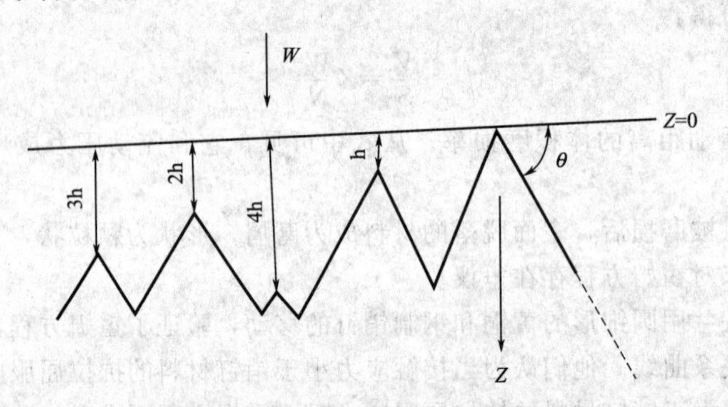

图 4-2　两平面趋近的情况

为便于研究其磨损率情况，从上述模型可见，只有一个微凸体尖端与光滑平面接触，其他的微凸体尖端与光滑平面存在一定距离，分别为 $[r=0, 1, 2, 3, \cdots(n-1)]\times h$ 的距离。

假设光滑平面移动 $2r$ 的距离，而圆锥体的变形部分被完全磨去，如图 4-3 所示。现设被磨去圆锥体微凸体的高度为 h_1，则每个微凸体被磨损的体积为：

$$\Delta V=\frac{1}{3}\pi r^2 h_1 \tag{4-10}$$

而磨去圆锥体微凸体的高度 h_1 为：

$$h_1=r\tan\theta \tag{4-11}$$

由上述两式得：

$$\Delta V=\frac{1}{3}\pi r^3\tan\theta \tag{4-12}$$

这样，单位滑动距离的磨损体积为：

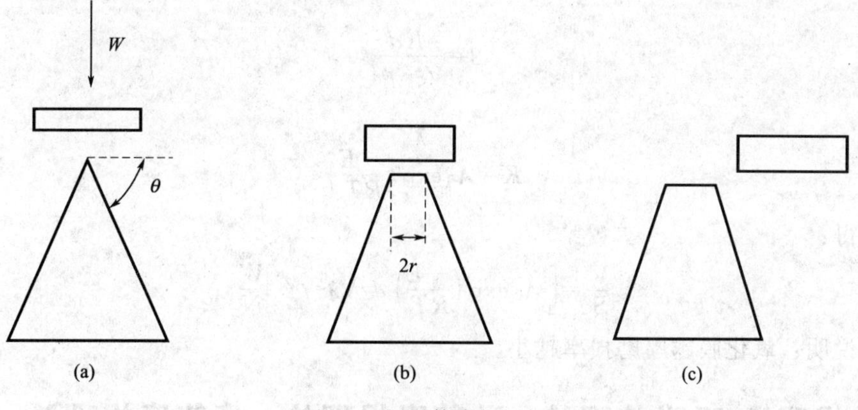

图 4-3 圆锥体磨损图解

$$\Delta V_0 = \frac{1}{6}\pi r^2 \tan\theta \tag{4-13}$$

则 n 个微凸体的单位滑动距离的磨损体积为：

$$V = \frac{1}{6} \times \frac{W\tan\theta}{N} \tag{4-14}$$

由上式可知，磨损体积与载荷成正比，与金属材料磨损时的流动压力成反比。

4.2.2 氧化假说

粘着磨损定律假设接触面为清洁的，也就是说没有被氧化。而在实际机械磨损时，周围的环境为标准大气压下，含有氧气、氮气的复杂气体环境。这就容易在机械零件表面形成一定的氧化膜，氧化膜的形成必然对后期的磨损过程产生较大的影响。因此研究机械零件的摩擦磨损时必须考虑表面形成的氧化膜，应该对公认的黏着磨损定律中 β 项进行修正。

设 Δt 为一次接触的接触时间，则形成临界厚度氧化膜所需的时间 t 为：

$$t = \frac{\Delta t}{\beta} \tag{4-15}$$

设 d 为一次接触时的滑动距离，则有：

$$t = \frac{d}{v} \tag{4-16}$$

式中，v 为速度。

氧化定律认为单位面积上生成的氧化膜的质量 m 为：

$$m^2 = Kt \tag{4-17}$$

式中，K 为常数。

而 m 为：

$$m = \xi\rho \tag{4-18}$$

式中，ρ 为氧化膜的密度。

由式子：

$$\xi^2 = \frac{Kt}{\rho^2} \tag{4-19}$$

可得：

$$t = \frac{\xi^2 \rho^2}{K} \tag{4-20}$$

则有：

$$\beta=\frac{Kd}{V\xi^2\ \rho^2} \tag{4-21}$$

已知：

$$K=A_0\exp\left(\frac{-E}{RT}\right) \tag{4-22}$$

整理得：

$$\frac{V}{S}=\left[A_0\exp\left(\frac{-E}{RT}\right)d/V\xi^2\ \rho^2\right]\frac{W}{N} \tag{4-23}$$

上式说明：氧化膜越厚磨损率越小。

4.3 磨损理论(吸附热理论、黏着磨损理论、疲劳磨损理论、能量磨损理论)

4.3.1 吸附热理论

金斯伯莱将金属的磨损与表面沾染物质分子的吸附热联系起来，建立了相关模型，如图4-4所示。设想一物体上的一微凸体A以速度v在微凸体B表面上滑动，润滑剂分子排列在表面B上。则有每个润滑剂分子在表面B上消耗的时间t为：

$$t=t_0\exp\left(\frac{-E}{RT}\right) \tag{4-24}$$

式中，t_0为润滑剂分子在表面B上的振动周期；E为表面B法线方向的分子物理吸附；R为气体常数；T为绝对温度；

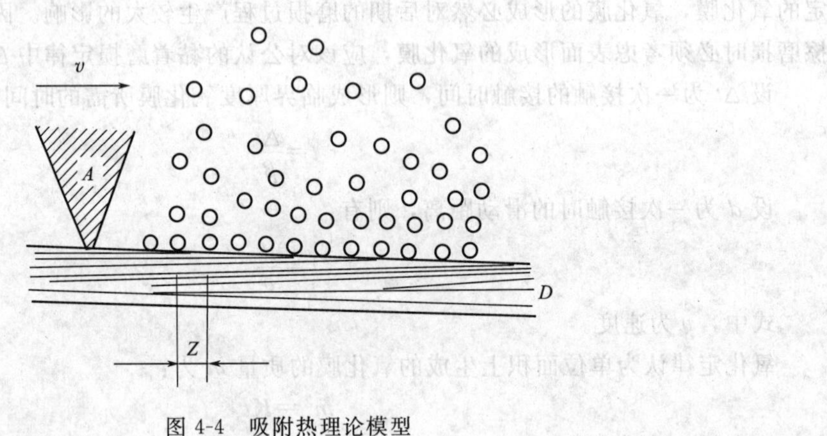

图 4-4 吸附热理论模型

4.3.2 黏着磨损理论

在早期研究中，Tonn（1937年）试图建立磨损与材料机械性质的关系。曾提出磨粒磨损的经验公式。以后Holm（1940年）根据磨损过程中原子之间的作用推导出单位滑动位移中的磨损体积为：

$$\frac{\mathrm{d}V}{\mathrm{d}s}=p\frac{W}{H} \tag{4-25}$$

式中，V为磨损体积；s为滑动位移；W为载荷；H为材料硬度；p为原子与原子接触后脱离表面的概率。

Achard（1953年）在其建立的粘着磨损理论中，提出的磨损计算公式与Holm公式在形式上相同。Rowe 在 1966 年对 Archard 公式进行修正，他考虑表面膜的影响以及切向应力和边界膜解附使接触峰点尺寸的增加，得出体积磨损度公式为：

$$\frac{dV}{ds}=K_m(1+\alpha f^2)^{\frac{1}{2}}\beta\frac{W}{\sigma_s} \tag{4-26}$$

式中，K_m 为材料性质有关的系数；α 为常数；f 为摩擦系数；β 为与表面膜有关的系数；σ_s 为受压屈服极限。

Rabinowicz（1965 年）从能量的观点来分析黏着磨损中磨屑的形成。他指出：磨屑的形成条件应是分离前所存储的变性能必须大于分离后新表面的表面能。据此 Rabinowicz 分析了 Achard 模型中半球形磨屑在塑性变形和形成黏着结点随存储的能量，得出单位体积的存储能量 e 为：

$$e=\frac{p_s^2}{2E} \tag{4-27}$$

式中，p_s 为材料产生变形时的表面压应力，E 为弹性模量。

如果磨屑沿接触圆半径 a 的平面分离，分离后单位面积的表面能为 γ，则磨屑形成的条件为：

$$\frac{2}{3}\pi a^3\left(\frac{p_s^2}{2E}\right)>2\pi a^2\gamma \tag{4-28}$$

由弹性接触理论可知，对于金属材料而言，$p_s=\frac{1}{3}H$，其中 H 为硬度，所以得：

$$a>\frac{54E\gamma}{H^2}\quad 或\quad a>\frac{KE\gamma}{H^2} \tag{4-29}$$

式中的系数 K 应根据磨屑的形状来确定。

事实上，在摩擦程中表面还存在其他形式的能量，因而磨屑的尺寸在未达到上式之前就已经与表面分离。所过以，上式中的 a 制应当作为磨屑的最大尺寸，即

$$a\leqslant\frac{KE\gamma}{H^2} \tag{4-30}$$

4.3.3　剥层磨损理论和疲劳磨损理论

1973 年美国麻省理工学院 N. P. Suh 教授提出剥层磨损理论，该理论以金属的位错理论为基础，总结大量的实验基础，是较为完整的磨损理论，能够解释很多磨损现象。大量的实践证明，剥层磨损理论在一定程度上促进了磨损本质的深入研究。

剥层磨损理论的中心思想是：当两个固体表面相接触时，实际上相接触的是微凸体粗糙峰，在载荷的作用下较软的微凸体粗糙峰先变形，表面的粗糙峰断裂并脱落，这样软表面变得较为光滑。载荷的循环作用，接触状态变为较为光滑表面与硬表面粗糙峰的接触，当滑动时，在软表面表层产生剪切塑性变形，并不断积累形成周期的位错，位错密度越靠近表面越小。随着摩擦的进行，剪切塑性变形不断积累，位错开始堆积，形成裂纹。这些裂纹不断扩展直到达到临界值，这样裂纹与表面之间的材料就剥落下来形成片状的磨屑。

剥层磨损理论可以叙述片状磨屑的形成过程，具体要点如下。

① 接触的两个表面滑动时，法向力和切向力是经接触点的黏着与犁沟作用传递的。较软的表面微凸体容易发生塑性变形而被磨去，较硬微凸体在外力作用下表层产生周期性塑性变形和位错运动，并不断积累。

② 亚表层继续变形时，在位错堆积的应力作用下，裂纹和空穴在此形成核心。

根据剥层磨损理论有：

$$\frac{V}{S}=K\frac{W}{\sigma_s} \tag{4-31}$$

式(4-31) 表明，磨损率与载荷和滑动距离成正比，与材料的硬度没有直接关系。

表面疲劳是由循环应力作用引起的一种破坏形式，前苏联学者克拉盖尔斯基根据此思想提出疲劳磨损理论，受到国内外学者的广泛关注。

该理论的中心思想如下。

① 由于实际表面存在粗糙度，两个表面相互接触时，其接触点是不连续的，各接触点之和组成实际的接触面积。

② 相互接触的两个表面在法向力的作用下，实际接触点上会产生局部应力和局部变形。

③ 当相互接触的两个表面滑动时，摩擦力的作用，材料表面的性能发生变化，表层的材料受到损伤，并不断积累，产生疲劳，裂纹的扩展汇合成磨屑而脱落。

疲劳磨损理论不仅适用于疲劳磨损，而且也可以用来分析磨粒磨损和黏着磨损；可以应用于金属材料，也可以应用于非金属材料，例如石墨、橡胶、塑料等的摩擦磨损。

4.3.4 能量磨损理论

1973 年，弗利舍（G. Fleisher）首先提能量磨损理论，他认为能量的转化是产生磨损的主要原因，材料的磨损现象与材料的断裂能量之间存在一定的关系。该理论的中心思想是：对金属材料来说，摩擦力所做的功主要部分消耗在塑性变形上，以热的形式散失；而有一小部分摩擦功以内能的形式积蓄在材料内部，主要表现为结晶的位错，这部分能量约占总摩擦功的 9%～16%；当材料内部积累的内能达到临界值时，部分材料发生塑性变形或形成裂纹，内能的减少，经过多次这样的临界循环作用，当积储的能量超过材料结合键的能量时，表面产生破坏，磨屑脱落，形成磨损。

根据弗利舍（G. Fleisher）的分析，以引入了能量密度的概念。它表示材料单位体积内吸收或消耗的能量。磨屑形成所需的全部能量密度为：

$$E_b'=E_e[\xi(n-1)+1] \tag{4-32}$$

式中，E_e 为表面摩擦一次时材料所吸收的能量密度；ξ 为非全部吸收的能量转化为形成磨屑。

式(4-32) 给出的能量密度是根据每次摩擦吸收相同能量的条件得出的，是平均能量密度。实际上每次摩擦所吸收的能量各不相同。

4.4 磨损计算

近些年，随着科技的发展，对机械零件的使用寿命的要求越来越高，尤其是极端环境下的机械零件的使用。因此，设计经久耐用的机械零件具有重要的实际意义。据统计，机械零件的损坏 75%是由摩擦副引起的磨损造成的，不建立工程用的磨损计算方法，就不可能延长相互摩擦的机械零件使用寿命。然而，影响磨损的因素太多，况且十分复杂。国内外科学家绞尽脑汁，曾提出很多磨损计算方法，但还存在不足之处，仍需深入研究，逐步加以完善。下面主要介绍磨损的 IBM 计算法和两个配合“连接”体的磨损计算方法，以便深入研究磨损的本质。

4.4.1 IBM 磨损计算法

1962 年以贝尔（R. G. Bayer）为首的一批科学家在美国国际商用机械公司（IBM）的

实验室进行了大量的实验，建立了较为系统的磨损工程模型，拟定了设计机械零件时能够预测其磨损的计算方法。此方法主要包括两个部分，一个是零磨损，另一个是可测磨损计算。所谓的零磨损是指磨损深度不超过原始表面粗糙度高度的磨损；可测磨损是指磨损深度大于原始表面粗糙度高度的磨损。

在 IBM 计算法中，滑动距离的单位用“行程”表示，等于在滑动方向上摩擦副相互接触的尺寸，具体如图 4-5 所示。图中尺寸 s 即为一个行程，当圆柱体转动 360°时，则经过的行程数为：

$$\frac{2\pi R}{S} \tag{4-33}$$

实验表明，在一定工作时间内，保证摩擦副零磨损的条件是：

$$\tau_{max} \leqslant \gamma\tau_s \tag{4-34}$$

式中，τ_{max} 为实际最大剪应力；τ_s 为材料的剪切屈服极限；γ 为系数，取决于摩擦副材料、润滑油种类和摩擦副零件的工作期限等因素。

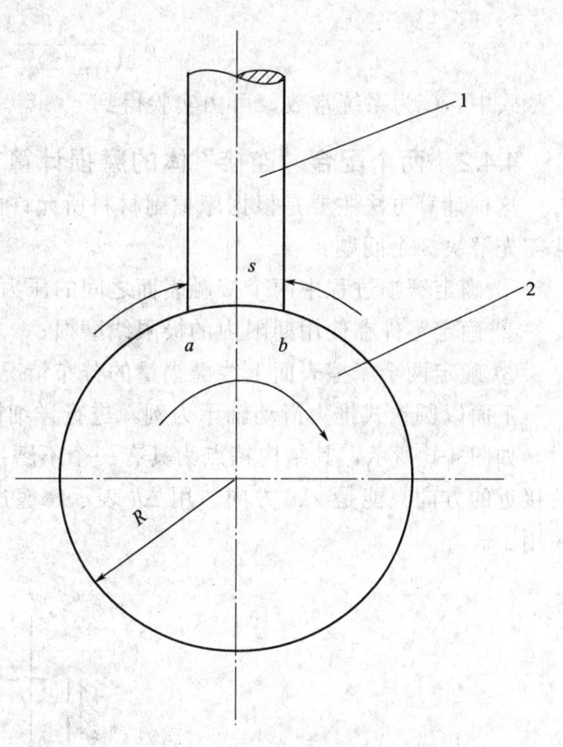

图 4-5　IBM 磨损模型的“行程”

1—销；2—圆柱体

对应于 2000 个行程时的 γ 数值，见表 4-1。能够保证零磨损时的行程次数 N 与 τ_{max} 之间的关系可用材料疲劳曲线的关系式表示：

$$(\tau_{max})^9 N = (\gamma\tau_s)^9 \times 2000 \tag{4-35}$$

由此式可以计算任意行程数容许的：

$$\tau_{max} = \left(\frac{2000}{N}\right)^{1/9} \times \gamma\tau_s \tag{4-36}$$

当 N 大于 21600 时，上式仍然可以适用。

表 4-1　γ 的数值

摩擦系数	γ
流体摩擦	1
干摩擦	0.2
边界摩擦	0.2 或 0.54(当油中加入活性添加剂)

对于可测磨损，则分成两种情况，一种是材料产生严重转移，另一种是中等程度的转移。后者主要在工程实际上最常见，故只讨论后一种可测磨损。

首先设 A 为磨痕的横截面积，实际上代表磨损量。A 主要与 N、$\tau_{max}S$ 有关系，而 $\tau_{max}S$ 是消耗在磨损上的能量，这些量之间的关系式为：

$$dA = \frac{\partial A}{\partial(\tau_{max}S)} d(\tau_{max}S) + \frac{\partial A}{\partial N} dN \tag{4-37}$$

经过一些假设，式(4-37) 简化为：

$$\mathrm{d}\left[\frac{A}{(\tau_{\max}S)^{9/2}}\right]=C\mathrm{d}N \tag{4-38}$$

式中，C 为系统常数，可由实验得到。

4.4.2 两个配合“连接”体的磨损计算方法

这种计算方法主要是根据摩擦副材料所允许的磨损量来决定使用期限的，因此使用此方法需先解决 3 个问题：

① 确定磨损过程中两个接触表面之间的压力分布；

② 确定零件在使用期限内的极限线磨损；

③ 确定两个摩擦表面上线磨损量的分布情况。

下面以圆锥式推力滑动轴承为例，进行详细说明。

如图 4-6 所示，其结构特点为具有一个不磨损或磨损很小的导向面，锥形旋转表面磨损后接近的方向只能是 x-x 方向。用 Δh 表示摩擦过程中的磨损，$\Delta h_{1\text{-}2}$ 达到极限值时轴承不能使用了。

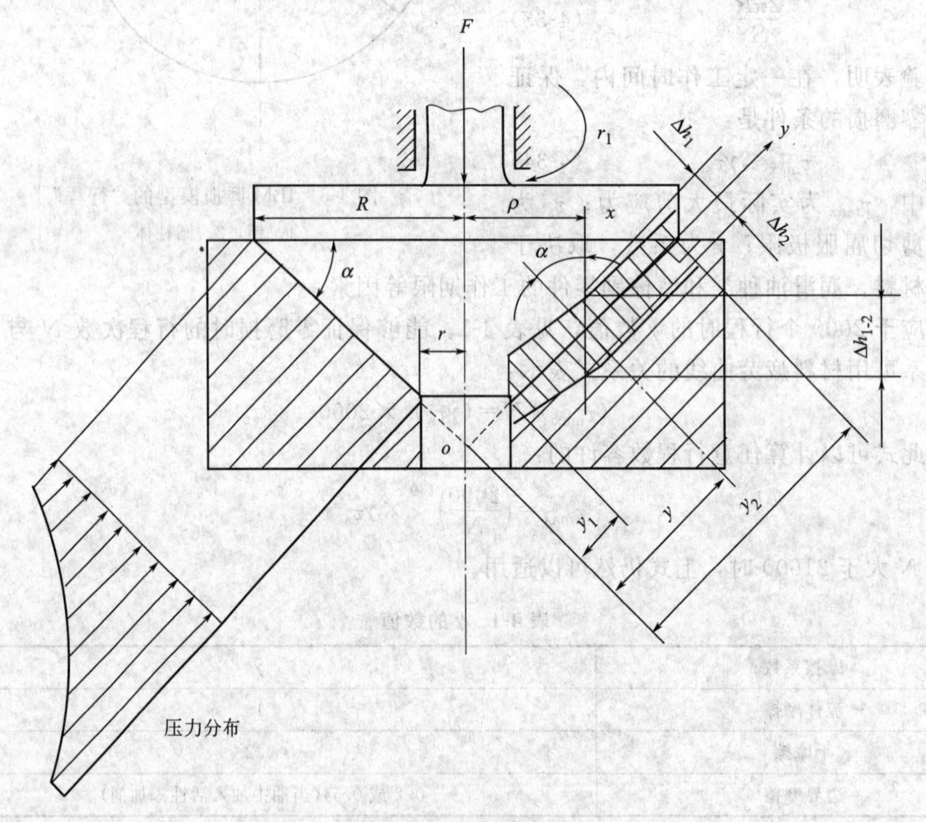

图 4-6 两圆锥配合连接体的磨损示意

所以，$\Delta h_{1\text{-}2}$ 就等于磨损量，Δh_{x_1} 与 Δh_2 之和。

$$\Delta h_{1\text{-}2}=\Delta h_{x_1}+\Delta h_{x_2}=\text{Constant} \tag{4-39}$$

即：

$$\Delta h_{1\text{-}2}=\frac{\Delta h_{x_1}+\Delta h_{x_2}}{\text{const}\alpha} \quad 或 \quad \gamma_{1\text{-}2}=\frac{\gamma_1+\gamma_2}{\cos\alpha} \tag{4-40}$$

式中，α 为摩擦锥面的法线与 x-x 方向的夹角；$\gamma_{1\text{-}2}$ 为二锥面配合的线磨损速度，在给定的条件下为常数，即：

$$\gamma_{1\text{-}2}=\text{const} \tag{4-41}$$

Δt 为磨损时间；γ_1 和 γ_2 为摩擦副在一定点上的线磨损速度。

所以有：

$$\Delta h_1=\gamma_1\Delta t \tag{4-42}$$

$$\Delta h_2=\gamma_2\Delta t \tag{4-43}$$

$$\Delta h_{1\text{-}2}=\gamma_{1\text{-}2}\Delta t \tag{4-44}$$

如果两锥面的磨损符合磨粒磨损的规律，则有：

$$\gamma=KpV_c \tag{4-45}$$

式中，γ 为线磨损速度；K 为系数；p 为压力；V_c 为相对运动速度。

通常情况下，锥面上某点的相对运动速度为：

$$V_c=2\pi ny\cos\alpha \tag{4-46}$$

式中，α 见图 4-6；n 为每分钟的转数。

于是，两个摩擦副零件的磨损速度分别为：

$$\gamma_1=2\pi nK_1py\cos\alpha \tag{4-47}$$

$$\gamma_2=2\pi nK_2py\cos\alpha \tag{4-48}$$

式中，K_1 和 K_2 为系数；y 见图 4-6。

则有：

$$\gamma_{1\text{-}2}=\frac{\gamma_1+\gamma_2}{\cos\alpha}=2\pi npy(K_1+K_2) \tag{4-49}$$

设 ϕ 为 γ_1 和 γ_2 的比值，则有：

$$\phi=\frac{r_1}{r_2}=\frac{k_1}{k_2}=\frac{\Delta h_1}{\Delta h_2}=\text{Const} \tag{4-50}$$

磨损过程中两接触表面上的压力分布为：

$$p=\frac{\gamma_{1\text{-}2}}{2\pi n(K_1+K_2)}\frac{1}{y} \tag{4-51}$$

锥面上的压力在 $x\text{-}x$ 方向上的分量之和与外载荷相平衡，所以有：

$$F=\int_{y_1}^{y_2}2\pi y\cos\alpha\,\mathrm{d}y\,p\cos\alpha=2\pi\cos^2\alpha\int_{y_1}^{y_2}py\,\mathrm{d}y \tag{4-52}$$

联合以上两式，并积分得：

$$F=\frac{r_{1\text{-}2}\cos\alpha}{n(K_1+K_2)}(R-r) \tag{4-53}$$

所以有：

$$\gamma_{1\text{-}2}=\frac{Fn(K_1+K_2)}{(R-r)\cos\alpha} \tag{4-54}$$

$$p=\frac{F}{2\pi(R-r)\cos\alpha}\frac{1}{y} \tag{4-55}$$

由上式可知，压力 p 的分布具有双曲线的性质，如图 4-6 的压力分布图。

磨损过程中，两接触表面的极限磨损量为：

$$\Delta h_{1\text{-}2}=\frac{Fn(K_1+K_2)}{(R-r)\cos\alpha}\Delta t \tag{4-56}$$

运用上述各式便可求出该滑动轴承的磨损寿命。

第5章 磨损的分形

摩擦磨损实验过程十分复杂，人们试图利用建立模型的办法更多地了解摩擦磨损实验过程所产生的一切信息。然而预测摩擦基体材料与摩擦副的磨合表面、模拟磨损过程中磨损表面的动态变化、磨损过程中磨屑的动态变化、磨损过程中表面热量的分布等这些问题的解释在传统办法中遇到前所未有的挑战，因此，寻找新的方法、新的理论成为摩擦磨损研究者所思考的问题。分形理论是处理复杂现象的非线性方法之一，它使人们能够以新的理念和方法来处理自然界中复杂的现象，这对于磨损表面复杂信息的研究提供了好的思路，对揭示磨损表面现象的客观规律具有重要的现实意义。

5.1 规则分形

分形理论是当今世界十分风靡和活跃的新理论、新学科。分形的概念是美籍数学家曼德布罗特（B. B. Mandelbrot）首先提出的。曼德布罗特1924年11月生于波兰华沙的一个犹太家庭中，父亲是成衣批发商，母亲是牙科医生，1936年移居巴黎，1958年他接受国际商用机器公司（IBM）沃森研究中心的聘请，开始他的异国科学研究生涯，并定居美国，美国艺术与科学院院士、美国国家科学院院士。20世纪50年代开始研究描述自然界的不规则现象，例如：曲折的海岸线、股市的涨跌、连绵的山川、漂浮的云朵、岩石的断裂等。1967年他在美国权威的《科学》杂志上发表了题为《英国的海岸线有多长》的著名论文。1975年，他创立了分形几何学，在此基础上形成了研究分形性质及其应用的科学称为分形理论。

下面主要介绍一些具有严格自相似性的数学模型，也称作规则分形。

5.1.1 康托尔集

在数学中，康托尔集，由德国数学家格奥尔格·康托尔在1883年引入（但由亨利·约翰·斯蒂芬·史密斯在1875年发现），是位于一条线段上的一些点的集合，具有许多显著和深刻的性质。

取一条长度为1的直线段，将它三等分，去掉中间一段，留剩下两段，再将剩下的两段再分别三等分，各去掉中间一段，剩下更短的四段，将这样的操作一直继续下去，直至无穷，由于在不断分割舍弃过程中，所形成的线段数目越来越多，长度越来越小，在极限的情况下，得到一个离散的点集，称为康托尔点集，记为P，如图5-1所示。称为康托尔点集的极限图形长度趋于0，线段数目趋于无穷，实际上相当于一个点集。操作n次后

边长 $r=(2/3)n$，

边数 $N(r)=2n$，

根据公式 $N(r)=1/rD, 2n=3Dr, D=ln2/ln3=0.631$。

所以康托尔点集分数维是0.631。

5.1.2 三角形分形

谢尔宾斯基三角形是由波兰数学家谢尔宾斯基在1915年提出。操作步骤为：先作一

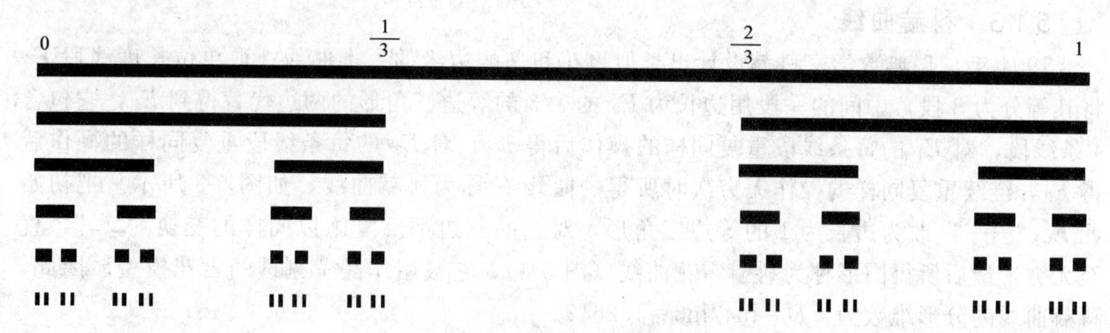

图 5-1　康托尔集构造示意

个正三角形，挖去一个“中心三角形”（即以原三角形各边的中点为顶点的三角形），然后在剩下的小三角形中又挖去一个“中心三角形”，我们用黑色三角形代表挖去的面积，那么白三角形为剩下的面积（我们称白三角形为谢尔宾斯基三角形）。如果用上面的方法无限连续地做下去，则谢尔宾斯基三角形的面积越趋近于零，而它的周长越趋近于无限大（图 5-2）。

图 5-2　谢尔宾斯基三角形构造示意

若设操作次数为 n（每挖去一次中心三角形算一次操作），则剩余三角形面积公式为：4 的 n 次方分之 3 的 n 次，将边长为 1 的等边三角形区域，均分成四个小等边三角形，去掉中间一个，然后再对每个小等边三角形进行相同的操作，这样的操作不断继续下去直到无穷，最终所得的极限图形称为谢尔宾斯基垫片。操作 n 次后

边长 $r=\frac{1}{2}^{n}$，

三角形个数 $N(r)=3^{n}$，

根据公式 $N(r)=1/rD, 3n=2Dr, D=\ln 3/\ln 2=1.585$。

所以谢尔宾斯基垫片是 1.585(这是指它的维度)。

5.1.3 科赫曲线

1904 年，瑞典数学家科赫设计出类似雪花和岛屿边缘的一类曲线。取单位长度线段 E，将其等分为 3 段，中间的一段用边长为 E_0 的 1/3 的等边三角形的两边代替得到 E_1，它包含 4 条线段，对 E_1 的每条线段重复同样的操作后得 E_2，对 E_2 的每条线段重复同样的操作后得 E_3，继续重复同样的操作无穷次时所得的曲线 F 称为科赫曲线，如图 5-3 所示。把初始元 E_0“——”改为边长为 1 的等边三角形，对它的三边都反复施以同样的变换“_⋀_”，直至无穷，最后所得图形称为科赫雪花曲线（图 5-4），它被用作晶莹剔透的雪花模型。因此，科赫曲线的分形维数为：$D=\ln4/\ln3=1.2619$。

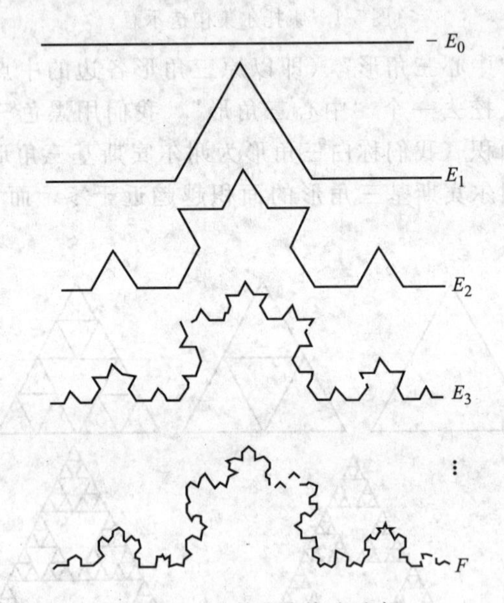

图 5-3 科赫曲线构造示意

图 5-4 科赫雪花曲线构造示意

5.1.4 明科夫斯基香肠

明科夫斯基香肠是德国数学家 Minkowski 提出的。它的构造是将单位长度直线四等分，保留两端的两条线段，把中间两端改为一个向上、一个向下的折线段，使其构造成 2 个小正方形。继续替换下去，就构造成类似于香肠一样的曲线，称之为明科夫斯基香肠，如图 5-5 所示。每一次替换的子线段数为 8，长度为 1/4，因此分形维数是：$D=\ln8/\ln4=1.5$。

5.1.5 皮亚诺曲线

1890 年，意大利数学家皮亚诺以瓷砖图案为基础构造了著名的皮亚诺曲线。它以一条单位长度的直线为起始，将其三等分，然后按照图 5-6 所示的构造成一个“日”字形折线框，每条折线的长度是 1/3。通过迭代替换，对形成的 9 条子线段做分割和“日”字形折线框构造，形成81条子折线，折线的长度为1/9。继续操作下去，当n次分割替换后，就会有9^n条线段，而线段长度是$(1/3)^n$。

按照相似维数计算方法，有$N=9$，$r=1/3$，它的分形维数是：$D=\ln9/\ln3=2$。

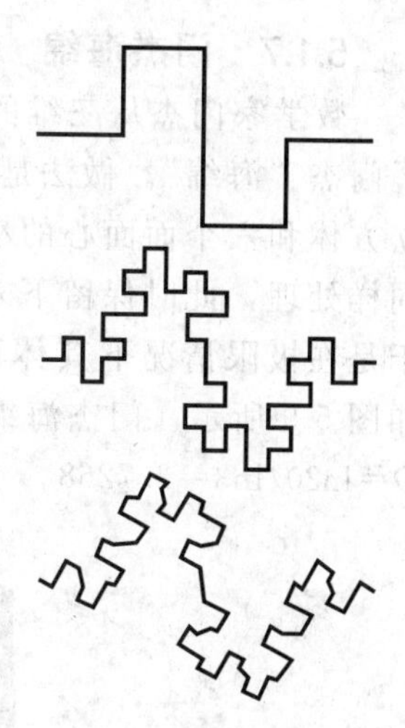

图5-5　明科夫斯基香肠构造示意

5.1.6　谢尔宾斯基地毯

1915～1916年，波兰数学家谢尔宾斯基将三分康托尔集的构造思想推广到二维平面，构造出谢尔宾斯基“垫片”。具体做法如下：设E_0是边长为1的等边三角形区域，将它均分成4个小等边三角形，去掉中间一个得E_1，对E_1的每个小等边三角形进行相同的操作得E_2，这样的操作不断继续下去直到无穷，最终所得的极限图形F称为谢尔宾斯基“垫片”，如图5-7所示。

类似的操作施以正方形区域（与前面不同的是这里将正方形九等分）所得图形F称为谢尔宾斯基“地毯”，如图5-8所示。按照上述做法，谢尔宾斯基“地毯”的分形维数是：$D=\ln8/\ln3=1.8928$。

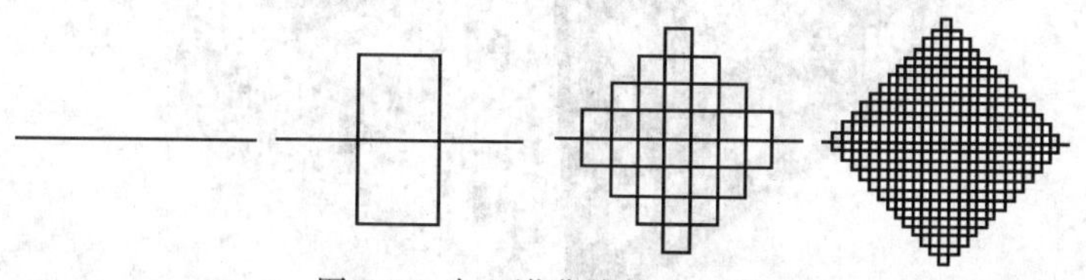

图5-6　皮亚诺曲线构造示意

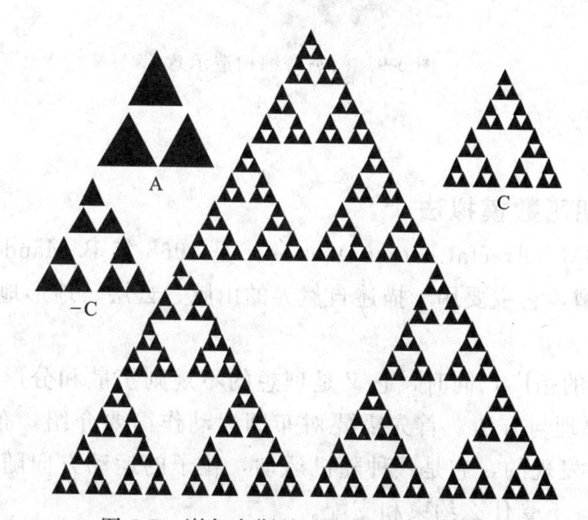

图5-7　谢尔宾斯基“垫片”构造示意

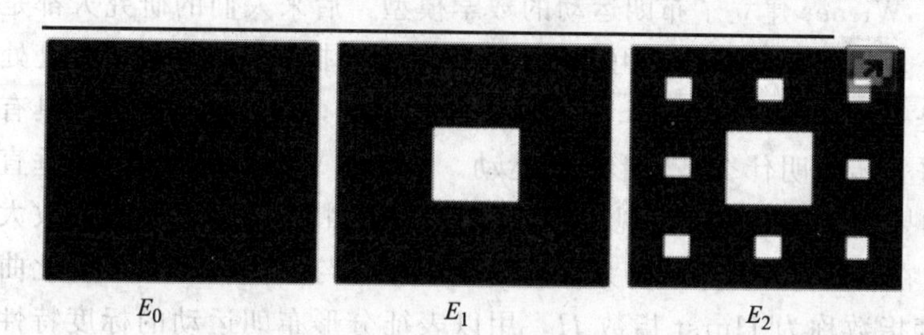

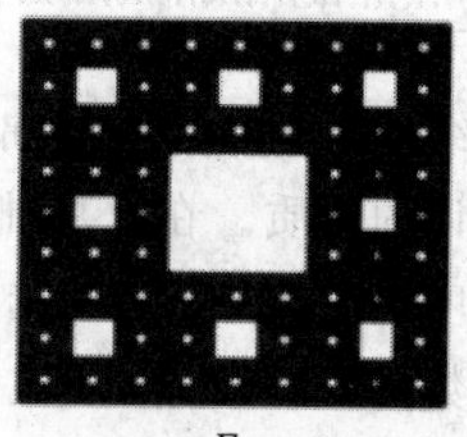

图5-8　谢尔宾斯基“地毯”构造示意

5.1.7 门杰海绵

数学家门杰从三维的单位立方体出发，用与构造谢尔宾斯基地毯类似的方法，构造了门杰“海绵”。做法是取一立方体，第一步把立方体 27 等分后，舍去体心的一个小立方体和六个面面心的小立方体，保留 20 个小立方体。第二步再对 20 个小立方体作同样处理，此时保留下来的小立方体的数目为 20×20＝400 个。如此操作，直至无穷。于是在极限情况下其体积趋于零，而表面积趋于无穷大，所以实际上得到一个面集，如图 5-9 所示。门杰海绵的相似单元数是 20，相似尺度是 1/3，因此它的分形维数是：$D=\ln 20/\ln 3=2.7268$。

图 5-9　门杰海绵构造示意

5.2 分形方法

5.2.1 分形布朗函数模拟法

分形布朗运动 FBM（Fractal Brown Motion）是 1968 年 B. Mandelbrot 和 VanNess 两人提出的一种数学模型，它主要用于描述自然界的山脉、云层、地形地貌以及模拟星球表面等不规则形状阶。

FBM 是布朗运动的拓广，同时，它又是理想的不规则扩散和分形随机行走的基础。要更好地理解 FBM 的原理与方法，首先需要对布朗运动作简要介绍。布朗运动是 1827 年英国植物学家 R. Brown 发现的，它是一种随机运动，粒子的运动方向随时改变，其运动轨迹是一条无规则的折线，不受什么约束和支配。

1923 年，德国数学家 N. Wiener 建立了布朗运动的数学模型，后来人们的研究大都是基于维纳的这一模型。实际上，布朗粒子的轨迹由大量无规则可循的折线组成，是一种处处连续但处处不可微的曲线，是一种无规分形曲线，它也具有自相似性，但这种自相似性具有统计的性质。在此基础上，进一步说明什么是分形布朗运动。对于水平标度因子为 2，垂直标度因子在 I-2 之间选取，如果布朗轨迹曲线表现出具有标度不变的特性，即水平方向放大倍数为 2，垂直方向放大倍数在 1～2 之间，而放大后的曲线的振幅与原曲线相当，则此曲线为分形布朗运动曲线。标度指数称为 Hurst 指数 H，用以表征分形布朗运动的标度特性（标度因子＝$2H$）。

给定 H 指数为（$0<H<1$）的分形布朗运动的定义如下。

在某一概率空间的随机过程 $B(t)$，若满足以下条件：

① BH(t) 连续，且 $P\{BH(0)=0\}=1$；

② 对于任意 $t\geqslant 0$，$\Delta t>0$，$\Delta BH(t)$ 服从均值为 0、方差为［Δt］H 的高斯分布；

③ BH(t) 增量具有相关性，即 $H\neq 0.5$。

则称为分形布朗运动，($H=0.5$ 时为通常的布朗运动)。

关于 FBM 随机过程 $X(t)$ 的统计性质如下。

① $X(t)$ 具有统计自相似性

$$P[X(t)\langle x)]=P[X\{\lambda t)\langle \lambda^{H}X] \tag{5-1}$$

② $X(t)$ 是非平稳过程

$$E[X(t)]X(s)=C[|t|^{2H}+|s|^{2H}-|t\text{-}s|^{2H}] \tag{5-2}$$

③ $\Delta X(t,\ \Delta t)$ 具有统计自相似性

$$\Delta X(t,\lambda\Delta t)\stackrel{\triangle}{=\!=}\lambda^{|H|}\Delta X(t,\lambda\Delta t) \tag{5-3}$$

④ ΔX（t，Δt）的绝对矩满足幂律关系

$$E[|\Delta X(t,\Delta t)|^{k}]=|\Delta t|^{kH}E[|\Delta X(t,\Delta t)|] \tag{5-4}$$

⑤ $\Delta X(t,\ \Delta t)$ 是平稳过程

$$E[\Delta X(t+s,\Delta t)\Delta X(t,\Delta t)]=c[|\Delta t+s|^{2H}+|\Delta t-s|^{2H}-2|s|^{2H}] \tag{5-5}$$

⑥ $X(t)$ 的平均功率谱密度为幂型

$$S_{\mathrm{x}}(\omega)=c|\omega|^{-2H-1} \tag{5-6}$$

⑦ $\Delta X(t,\ \Delta t)$ 导数 $\Delta X'$ 的功率谱密度为幂型

$$S_{\Delta x'}(\omega)=c|\omega|^{-2H-1} \tag{5-7}$$

目前，分形布朗运动有多重合成技术，例如：泊松阶跃法、随机中点位移法、逐次随机增加法等。

5.2.2　逆傅里叶变换模拟法

逆傅里叶变换模拟法可以模拟表面轮廓和粗糙表面形貌。它模拟表面轮廓的主要步骤如下：生成一组｛0，1｝分布的高斯白噪声 h_{k}，$k=0$，1，…，$N-1$，然后对其做傅里叶变换，得到傅里叶系数为：

$$H_{\mathrm{m}}=\sum_{k=0}^{N=1}h_{\mathrm{k}}\mathrm{e}^{\frac{2\pi ikm}{N}}(m=0,1,\cdots,N-1) \tag{5-8}$$

对傅里叶系数进行修正，使其满足式 $S_{\mathrm{x}}(\omega)=c\mid\omega\mid^{-2H-1}$ 的幂律关系，即

$$S(\omega)=c\omega^{-(5-2D)} \tag{5-9}$$

由此得到修正的傅里叶系数：

$$\overline{H}=H_{\mathrm{k}}[(K+1)\omega_{\mathrm{L}}]^{-\frac{(5-2D)}{2}}\quad(0\leqslant k<N/2) \tag{5-10}$$

$$\overline{H}=H_{\mathrm{k}}[K+1-N/2)\omega_{\mathrm{L}}]^{-\frac{(5-2D)}{2}}\quad(N/2\leqslant k<N) \tag{5-11}$$

最后，对修正的傅里叶系数进行逆傅里叶变换，就得到一个模拟轮廓。

模拟粗糙表面形貌的步骤如下：对二维高斯白噪声做傅里叶变换，使其功率谱密度满足 $S(\omega)=c\omega^{-(5-2D)}$ 所示的幂律关系，对满足条件的 $S(\omega)$ 做逆傅里叶变换，得到序列 $X(t)$。二维的逆傅里叶变换

$$X(x,y)=\sum_{k=0}^{N-1}\sum_{l=0}^{N-1}a_{kl}e^{2\pi i(kx+ly)} \tag{5-12}$$

其中的变换满足幂型条件

$$E(|a_{kl}|^2)\propto k^2+l^{2-H-1} \tag{5-13}$$

a_{kl}是通过二维白噪声作傅里叶变换，然后除以 $f^{\frac{\beta}{2}}$ 得到的。

5.2.3 W-M 函数模拟法

随机化的 Weierstrass 函数是一个频率域中的几何累加，是布朗函数的另一种构造形式，不同于逆傅里叶变换法，其表达式为：

$$X(t)=\sum_{n=N_{min}}^{N_{max}}A_n\lambda^{-nH}\sin(\lambda^n t+\varphi^n) \tag{5-14}$$

式中，A_n 是一个 {0，1} 的独立正态分布随机变量；φ^n 是 [0，2π] 区间均匀分布的相位。在一定尺度变化 $N_{min}-N_{max}$ 范围内，W-M 法可以通过预先设定的系数 A_n 和 φ^n 生成 FBM 曲面。W-M 法生成的图像是由预定系数计算的，因此比较容易控制产生图像的边界，表面分辨率可以通过累加分量数调节。W-M 函数生成的粗糙表面轮廓曲线如图 5-10 所示。

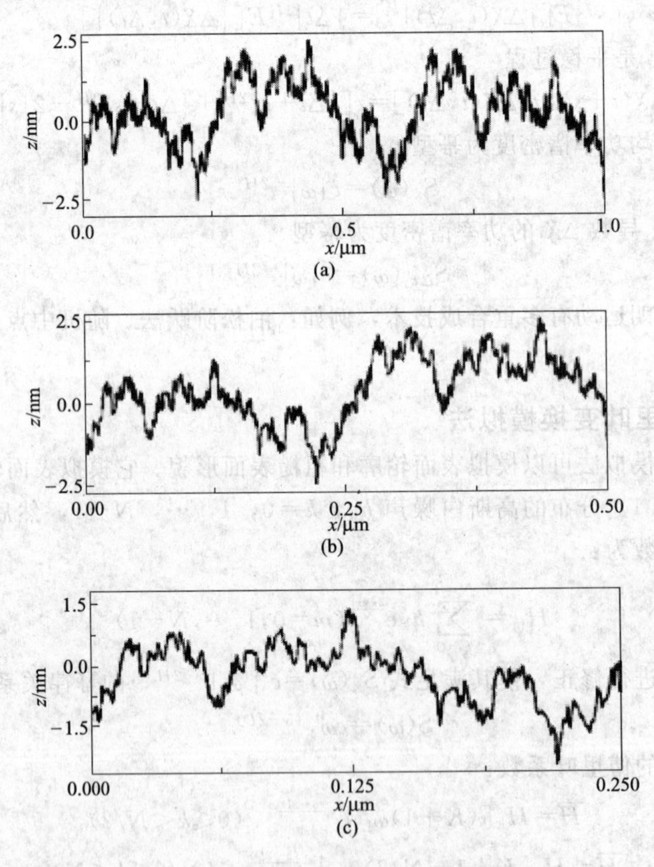

图 5-10　W-M 函数生成的粗糙表面轮廓曲线

5.2.4 分形插值模拟法

一定的分辨率的仪器所测得表面形貌特征只能反映该仪器下的粗糙度，并不能完全反映表面粗糙度的真实信息，主要是因为粗糙表面的轮廓高度变化是一个非稳定的随机过程，因此，仪器测定的粗糙度具有一定的相关性。这种情况下测定的表面形貌参数存在一定的偏差，会严重影响粗糙表面接触和摩擦时的计算精度。用有限的实验数据来模拟出较为精细的粗糙结构，则可以解决由于仪器分辨率所带来的不足。对于接触表面形貌的模拟同样会面对这样的问题，分形插值模拟是解决上述问题的方法之一。

（1）经典插值方法　插值方法是数值模拟与数值计算中常用的方法。传统的插值方法要求插值函数与被插值函数在插值基点处具有相同的函数值，甚至到某阶导数。例如：将原始数据点 $\{x, y\}$ 在坐标中标出，然后从几何上分析数据点之间的关系，构造出一个次数尽可能低的多项式 $f(x)$ 或者是一个基本初等函数的复合函数 $p(x)$，使多项式 $f(x)$ 或复合函数 $p(x)$ 的曲线的若干坐标点处的原始数据点具有相同值。这里构造出的多项式或复合函数就称之为插值函数。

插值函数的选取方法很多，可以选取代数多项式，选取三角多项式或有理函数，也可以选取某区间上的任意光滑函数或者分段光滑函数。最常用、最基本的插值函数是 n 次代数多项式，即

$$P_n(x)=a_0+a_1x+a_2x^2+\cdots+a_nx^n \tag{5-15}$$

其中，a_0，a_1，a_2，…，a_n 是实数，把多项式函数的插值问题称为多项式插值。

当数据点的区间范围较大时，单独采用一个高次的多项式插值，拟合误差可能较大。为此，常采用分段插值方法，即对于不同的数据点范围，利用不同的插值多项式。分段插值相当于用若干条多项式曲线连接而成，所以拟合曲线一般是不光滑的，为此用样条插值来克服分段插值函数的拟合不光滑问题。

（2）自仿射分形插值函数理论　给定闭区间 $I=[a, b]$，令 $a=x_0<x_1<\cdots<x_N=b$ 是 I 的一个分化，其中 $N\geqslant 2$。令 y_0，y_1，…，y_N 是任意的一组实数，用 $H(K)$ 表示由 K 中的非空紧子集组成的集合，其中，$K=I\times R$。

记 $I_i=[x_{i-1},x_i], i=1,2,\cdots,N$。令 L_i 是 $I\rightarrow I_i$ 的一个压缩同胚映射，满足：

$$L_i(x_0)=x_{i-1}, L_i(x_N)=x_i \tag{5-16}$$

并且对某个 $0<l_i<1$，有：

$$|l_i(u_1)-l_i(u_2)|\leqslant l_i\cdot|u_1-u_2|, \forall_{u_1,u_2}\in I \tag{5-17}$$

令 F_i 是 $K\rightarrow R$ 的连续函数，满足条件：

$$F_i(x_0,y_0)=y_{i-1}, F_i(x_N,y_N)=y_i \tag{5-18}$$

并且对某个 $0\leqslant q_i\leqslant 1$，有：

$$|F_i(u,v_1)-F_i(u,v_2)|\leqslant q_i|v_1-v_2|, \forall_{u\in I}, v_1,v_2\in R \tag{5-19}$$

定义映射 ω_i：$H(K)\rightarrow H(K)$

$$\omega_i\begin{pmatrix}x\\y\end{pmatrix}=\begin{pmatrix}l_i(x)\\F_i(x,y)\end{pmatrix}, i=1,2,\cdots,N \tag{5-20}$$

则 $\{K: \omega_i, i=1, 2, \cdots, N\}$ 构成一个迭代函数系。

定理 5.1 存在 I 上的连续函数 f，使得 f 的函数图像

$$G=\mathrm{graph}(f)=\{(x,f(x))|x\in I\} \tag{5-21}$$

是迭代函数系 $\{K: \omega_i, i=1, 2, \cdots, N\}$ 的不变集，即 $G=\bigcup_{i=1}^{N}\omega_i(G)$，并且：

$$f(x_i)=y_i, i=1,2,\cdots,N \tag{5-22}$$

我们称这样的 f 是对应于 $\{K: \omega_i, i=1, 2, \cdots, N\}$ 的分形插值函数。

定理 5.2 f 是对应于迭代函数系 $\{K: \omega_i, i=1, 2, \cdots, N\}$ 的分形插值函数，$G=\text{graph}(f)$，则对于任意的 $A\in H(K)$，有：

$$\lim_{n\to\infty} h[\omega^n(A), G]=0 \tag{5-23}$$

从而分形插值函数是唯一的。

特别当 $L_i(x)$ 和 $F_i(x, y)$ 都是线性函数时：

$$\omega_i\begin{pmatrix}x\\y\end{pmatrix}=\begin{pmatrix}l_i(x)\\F_i(x,y)\end{pmatrix}, i=1,2,\cdots,N \tag{5-24}$$

可以写成如下的形式：

$$\omega_i\begin{pmatrix}x\\y\end{pmatrix}=\begin{pmatrix}a_i & 0\\c_i & d_i\end{pmatrix}\begin{pmatrix}x\\y\end{pmatrix}+\begin{pmatrix}e_i\\f_i\end{pmatrix}, i=1,2,\cdots,N \tag{5-25}$$

同时有 $L_i(x)=a_ix+e_i, F_i(x,y)=c_ix+d_iy+f_i$，并且：$0<|a_i|<1, |d_i|<1$

又由 $L_i(x_0)=x_{i-1}, L_i(x_N)=x_i$ 和 $F_i(x_0, y_0)=y_{i-1}, F_i(x_N, y_N)=y_i$ 可得到方程组：

$$\begin{cases}a_ix_0+e_i=x_{i-1}\\a_ix_N+e_i=x_i\\c_ix_0+d_iy_0+f_i=y_{i-1}\\c_ix_N+d_iy_N+f_i=y_{i-1}\end{cases} \tag{5-26}$$

解方程组得到：

$$\begin{cases}a_i=(x_i-x_{i-1})/(x_N-x_0)\\e_i=(x_Nx_{i-1}-x_ix_0)/(x_N-x_0)\\c_i=(y_i-y_{i-1})/(x_N-x_0)-d_i(y_N-y_0)/(x_N-x_0)\\f_i=(x_Ny_{i-1}-x_0y_i)/(x_N-x_0)-d_i(x_Ny_0-x_0y_N)/(x_N-x_0)\end{cases} \tag{5-27}$$

由 $\omega_i\begin{pmatrix}x\\y\end{pmatrix}=\begin{pmatrix}a_i & 0\\c_i & d_i\end{pmatrix}\begin{pmatrix}x\\y\end{pmatrix}+\begin{pmatrix}e_i\\f_i\end{pmatrix}$，$i=1, 2, \cdots, N$ 可知，$\{\omega_i\}$ 都是压缩仿射变换，于是 $\{K: \omega_i, i=1, 2, \cdots, N\}$ 构成了一个双曲迭代函数系，由该迭代函数系所确定的分形插值函数，称之为自仿射分形插值函数，记为 f，$G=\text{graph}(f)$，记 $S=\dim_B(G)$。

由上述定理立即可得到类似的定理：

定理 5.3 令 f 为自仿射分形插值函数，$G=\text{graph}(f)$。如果 $\sum_{i=1}^{N}|d_i|>1$，并且$\{(x_i, y_i|, i=0,1,2,\cdots,N)\}$不共线，那么，$\dim_B(G)$就会满足 $\sum_{i=1}^{N}|d_i|a_i^{s-1}=1$ 的唯一解 s，否则 $\dim_B(G)=1$。通过上述的方法可以得到一个自仿射分形插值函数，并且 $\sum_{i=1}^{N}|d_i|a_i^{s-1}=1$ 的解 $s\in(1,2)$。通过调整 d_i 的值，就可以得到不同维数的插值曲线。

5.3 接触分形模型

粗糙表面的接触行为对于研究摩擦、磨损、润滑等有着重要的意义。由于接触表面的信息极为复杂，而传统的接触模型又较为简单，不能正确反映接触表面非稳定的随机特性，因而为深入的了解接触表面的特性，建立接触表面的分形接触模型显得具有重要的意义。

1969 年法国工程师 Amonton 提出固体摩擦的定律后，人们开始重点研究摩擦现象。较早的接触研究是 Hertz 弹性接触点的研究，并提出 Hertz 接触模型，至今仍然是研究和分析表面接触问题的重要理论之一。1966 年 Williamson 和 Greenwood 提出基于统计分析的接触模型，即 G-W 接触模型。该模型采用了 5 个基本假设：①粗糙表面是随机的；②粗糙峰的顶端是球形；③所有的粗糙峰顶端的直径相同，但高度是随机的；④粗糙峰之间的距离足够大，它们之间没有相互作用；⑤没有大的变形。Williamson 和 Greenwood 在建立 G-W 接触模型时就提出了，微凸体平均曲率半径 R 是测量仪器分辨率的函数。Majumdar 和 Bhushan 的研究结果表明，表面形貌参数 σ，特别是 σ' 和 σ'' 都明显地受仪器分辨率的影响，并建立了 M-B 分形接触模型，这对接触表面摩擦学的发展由于是接触分形模型的发展具有重要的意义。

5.3.1 M-B 分形接触模型

我们知道粗糙表面的轮廓曲线可以用 W-M 函数来表征，其表达式为

$$Z(x)=G^{(D-1)}\sum_{n=n_1}^{\infty}\gamma^{-(2-D)n}\cos(2\pi\gamma^n x),1<D<2,\gamma>1 \tag{5-28}$$

式中，$Z(x)$ 为随机轮廓高度；x 为轮廓位移坐标；D 为轮廓分形维数，它定量地度量表面轮廓在所有尺度上的不规则和复杂程度；G 是反映 $Z(x)$ 大小的特征尺度系数；γ 为大于 1 的常数，对于服从正态分布的随机表面，取 $\gamma=1.5$；γ^n 表示随机轮廓的空间频率，即决定表面粗糙度的频谱；n_1 是与轮廓结构的最低截止频率 ω_1 相对应的序数。由上式可知，轮廓曲线谱由参数 D、G、n_1 决定，由于表面轮廓是非平稳随机过程，最低频率相关于样本长度 L，D 和 G 可以用 W-M W-M 函数的功率谱得到估计，即

$$S(\omega)=\frac{G^{2(D-1)}}{2\ln\gamma}\frac{1}{\omega^{(5-2D)}} \tag{5-29}$$

式中，ω 为频率，即粗糙度波长的倒数。

显然，在双对数坐标中，上式代表一条直线，直线的斜率与分形维数 D 相关，直线的截距与尺度系数 G 有关。因此，与传统的统计学参数不同，W-M 函数的分形参数 D、G 均与频率无关，是尺度独立的。

Majumdar 和 Bhushan 正是基于 W-M 分形函数以及分形参数的尺度独立性，建立了粗糙表面的弹塑性接触的分形模型，即 M-B 分形接触模型。

对于两个表面之间的真实接触表面和弹性接触表面，Majumdar 和 Bhushan 给出了预测的结果，如图 5-11～图 5-13 所示。从图中可以看出，表面分形参数 D 和 G^*，以及材料的物理性能参数 ϕ 等都对接触性质有很大影响。G^* 值的减小和 ϕ 值的增大都能改善表面接触性质。但是 G^* 值减小意味着表面粗糙度降低，ϕ 值增大意味着较软材料的屈服强度提高。值得注意的是，D 对接触性质的影响有一最佳值，在此维数下接触表面的真实接触面积或弹性接触面积最大。

5.3.2 Cantor 分形接触模型

Cantor 集是一个构思巧妙的特殊点集，此集合是 Cantor 在解三角级数问题时做出来的。Cantor 集是将基本区间 [0，1] 三等分，并去除中间的开区间，把余下的两个闭区间再各三等分，并除去中间的开区间，然后再将余下的四个闭区间用同样的方法处理。这样，将单位区间去掉了数个不相交的开区间，得到的点集就是 Cantor 集。而粗糙表面的接触也是随机的点接触，因此，人们就会想到用 Cantor 集来表征粗糙表面的接触问题。

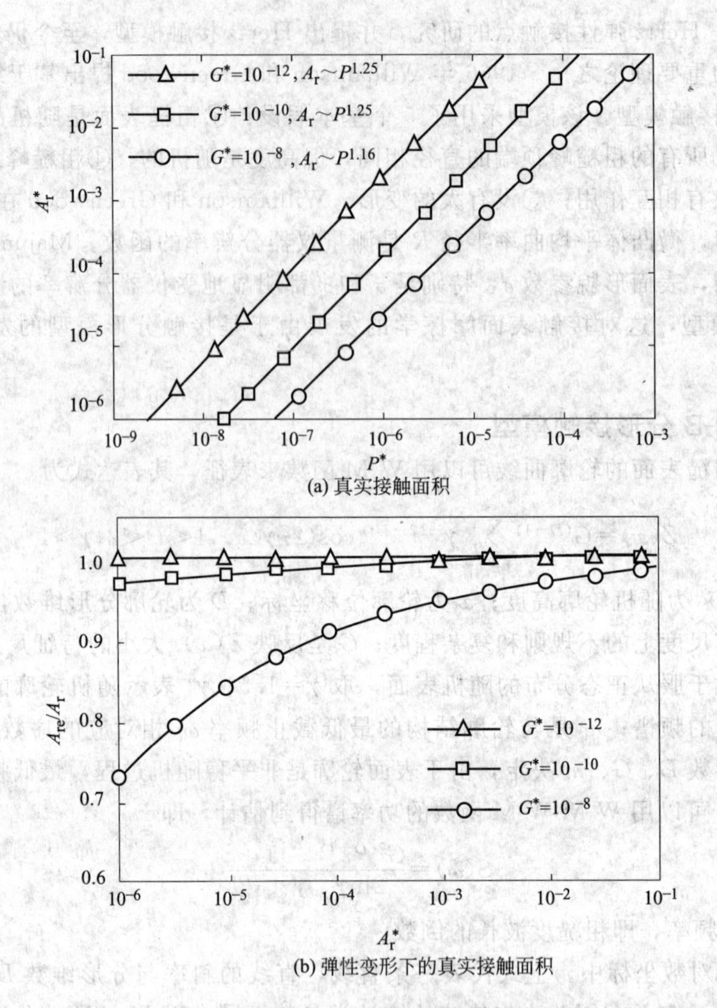

图 5-11 $D=1.5$，$\phi=0.01$ 时分形接触模型的预测结果

图 5-14 为 Cantor 集表面轮廓模型。模型的构造思路是假设一个初始长度为 L_0 的轮廓，将其三等分，去掉中间部分，使剩余部分的长度为初始长度的 $1/f_x$ 倍，这里的 $f_x>1$。中间凹下部分的深度是上一步深度的 $1/f_z$ 倍，这里的 $f_z>1$。重复这样的过程，显然可以直到第（$n+1$）步时，Cantor 型微凸体的水平长度和凹入深度分别为：

$$L_{n+1}=\left(\frac{1}{f_x}\right)L_n=\left(\frac{1}{f_x}\right)^{n+1}L_0 \tag{5-30}$$

$$h_{n+1}=\left(\frac{1}{f_z}\right)h_n=\left(\frac{1}{f_z}\right)^{n+1}h_0 \tag{5-31}$$

表面上看 Cantor 集表面轮廓模型与实际物体的表面粗糙形状存在一定的差别。但事实上，它与实际的接触面积形貌相差无几，这是因为实际金属表面的接触告诉我们，接触表面确实存在不同深度的平行凹状划痕。

Cantor 集表面轮廓的分维研究结果被 Borodich 和 Mosolove 推广到三维情形，以构造 $s=2$ 的 Cantor 集表面轮廓相似的方法来构造一个自仿射粗糙表面，其步骤是将一个 $L_0\times L_0$ 区域的中部，开一个深度为 h_0 的十字方槽，留下 s^2 个方块，总的面积为 $L_1\times L_1$，具体情况如图 5-15 所示。重复这样的过程，直到无穷。

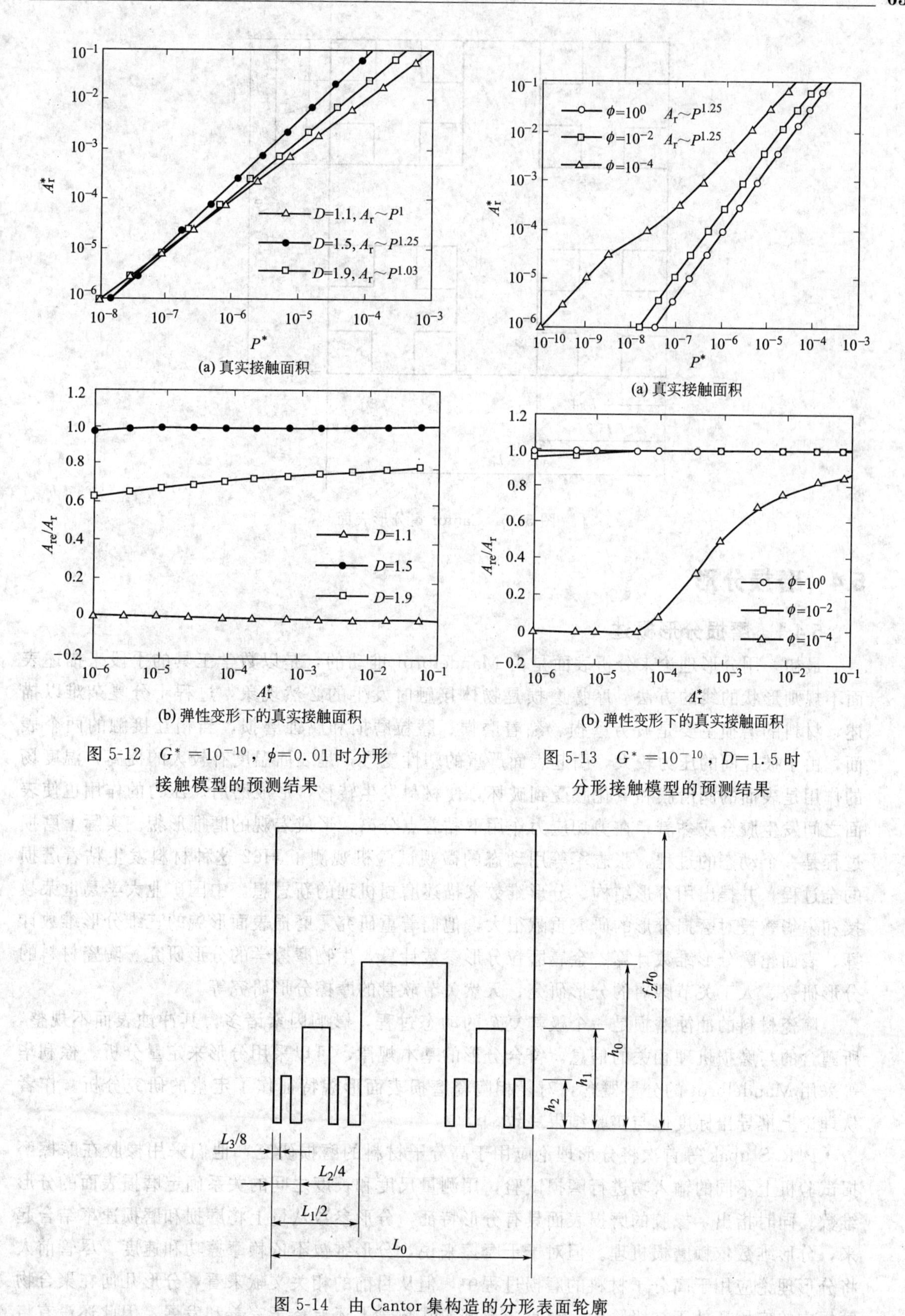

图 5-12　$G^*=10^{-10}$，$\phi=0.01$ 时分形接触模型的预测结果

图 5-13　$G^*=10^{-10}$，$D=1.5$ 时分形接触模型的预测结果

图 5-14　由 Cantor 集构造的分形表面轮廓

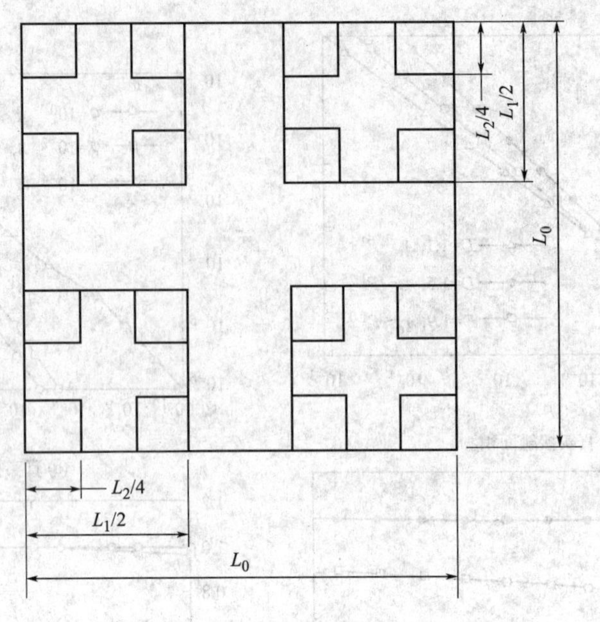

图 5-15　Cantor 集分形表面

5.4 磨损分形

5.4.1 磨损分形概述

最初，用分形理论来分析表面是由 Mandelbrot 推动的，是以数学工具的手段来描述表面不规则形状的线的方法。摩擦磨损是物体接触时发生的必然现象，过程十分复杂难以描述，材料的磨损主要是疲劳磨损、黏着磨损、磨粒磨损和腐蚀磨损。当相互接触的两个表面，由于彼此间的压力较大，引起表面严重的塑性变形，是表面温度有较大的提高，温度场的作用是表面的润滑膜和氧化膜受到破坏，使材料发生转移，形成磨屑。压力的作用也使表面之间发生胶合或黏着，在剪切应力作用下黏着点分离，形成宏观的磨损形貌。实际上磨损过程是一个动态的过程。张志军等用动态的微观试验机观测了 H62 这种材料发生粘着磨损的全过程，并提出用分形结构、分形维数来描述磨损机理的新思想。中国矿业大学葛世荣教授和朱华教授对磨损分形的研究贡献很大，他们着重研究了磨损表面形貌的三维分形维数计算、表面轮廓分形维数计算、金属磨粒分形参数计算、生物摩擦学的分形研究、陶瓷材料的分形研究、人工关节磨屑的分形研究、天然关节软骨的摩擦分形研究等。

陶瓷材料的冲蚀磨损是一个极其复杂的动态过程，影响因素诸多，其冲蚀表面不规整，所蕴含的与磨损机理相关的信息，符合分形的基本规律，可以采用分形来定量分析。徐利华等采用 Mandelbrot 的分形概念，对复相陶瓷磨损表面形貌特征作了定量的研究分析。作者从理论上推导出标度值与实验结果一致。

P. R. Stupak 等首次将分形理论应用于高分子材料的磨损研究，他们采用橡胶在摩擦磨损试验机上不同的输入功进行磨损试验，用测量尺度和长度之间的关系确定磨损表面的分形维数。同时指出，橡胶的磨损表面具有分形特征，分形参数从量上将磨损和磨损速率结合起来，分形维数依赖磨损机理。但对于干摩擦来说，分形维数不依赖摩擦功和速度。尽管前人将分形理论应用于高分子材料的磨损过程中，但从目前的相关文献来看，分形几何在聚合物磨损中的应用还处于初级阶段，况且分形理论在数学上还有待于完善和发展，因此还没有将分形理论和高分子材料的磨损真正的有机结合在一起。

5.4.2 磨合磨损数学模型

磨合磨损的数学模型较少，为了深入研究磨损表面的形貌特征，建立了 Masouros G 模型、缸套磨合磨损数学模型、HuYZ 磨合磨损动力学模型。

Masouros G 模型主要针对轴承的摩擦磨损，其表达式为：

$$W_r=\frac{dW}{dS}=\sum_{i=0}^{3}a_iR_a^i \tag{5-32}$$

式中，W_r 为磨损速率；W 为线磨损量；R_a 为磨损过程中形貌高度偏差的算术平均值；a_i 和 b 为轴承几何形状和工作条件决定的参数；S 为滑动距离。

同时还存在如下关系：

$$\frac{dR_a}{d_s}=-bR_a \tag{5-33}$$

$$R_a=R_0e^{-bs} \tag{5-34}$$

$$W=a_0S+\sum_{i=1}^{3}\frac{a_i}{b_i}R_0^i(1-e^{-ibs}) \tag{5-35}$$

从混合润滑和磨合动力学出发，在充分考虑磨合过程中表面形貌和乳化状态的变化以及和它们相关的许多因素的基础上，由混合润滑理论和 Archard 磨损模型建立了数学模型。

$$V_{wear}=\int\frac{KW_A(\theta)}{CH}R\frac{\sin\theta+\frac{R}{2L}\sin2\theta}{\sqrt{1-\left(\frac{R}{L}\sin\theta\right)^2}}d\theta \tag{5-36}$$

式中，V_{wear} 为磨损体积；K 为磨损系数；W_A 为活塞环与缸套之间的粗糙峰的接触压力，由混合润滑理论求出；C 为几何常数；H 为缸套表面硬度；R 为半径；L 为连杆长度；θ 为曲柄角位移。

如果把磨合过程看成是一个动力学系统的自适应和自调整的过程，即从非稳定状态收敛到平衡状态的过程。考虑到磨合过程的主要磨损机理是磨粒磨损和黏着磨损，因此，根据 Archard 磨损公式和分子机械理论，建立磨合磨损动力学模型。

$$\dot{V}_{wear}=\frac{dV_{wear}}{dt}=\frac{pv}{H}\left(a_0+\frac{a_1}{\sigma}+a_2\sigma^2\right) \tag{5-37}$$

$$\sigma=\sqrt{R_1^2+R_2^2-2R_1R_2C_T} \tag{5-38}$$

5.4.3 磨合磨损分形预测模型

近些年来，为研究材料的磨损规律，摩擦学工作者一直试图建立磨损预测模型。工作者不断地用具有尺度相关性的统计参数表征磨合表面，从不同的角度对磨损过程的磨损规律进行研究，但对于磨损过程中的工况参数和磨合程序等问题的研究还没有找到合适的表达方法。而传统的接触模型过于简单，不能科学的反映磨损表面的随机特性。分形理论的出现为磨损数值模型的建立提供了新的方法。下面主要介绍磨合磨损分形预测模型的建立以及实验验证。

1993 年 Zhou 和 Leu 采用了一重分形 M-B 模型开创性的对磨合磨损进行了预测。其预测模型主要是建立了基于分形几何模型的磨损量、磨损率计算公式。

Zhou 等提出了磨损量计算公式：

$$V=(1+\gamma u^2)^{\frac{1}{2}}(K_eA_{re}+K_\rho A_{r\rho})d \tag{5-39}$$

式中，K_e 为弹性接触磨损系数；K_ρ 为塑性接触磨损系数；d 为滑动距离；γ 为切应力对真实接触面积的影响系数，是试验确定的常量，与材料的硬度、润滑状况相关。

因为塑性接触比弹性接触要引起大得多的磨损，则有 $K_e \ll K_\rho$；K_e 的变化对磨损量 V 的影响很小，而 K_ρ 的变化对磨损量 V 的影响很大。通常情况下，$K_e < K_\rho/10$，且 $K_e < 10^{-3}$。

由弹性接触面积和塑性接触面积的计算公式可得相关于分形参数的磨损量计算公式：

$$V=(1+\gamma u^2)^{\frac{1}{2}} a_L \left[K_e \left(1-a_L^{\frac{D-2}{2}} a_C^{\frac{2-D}{2}} \right) - K_\rho a_L^{\frac{D-2}{2}} a_C^{\frac{2-D}{2}} \right] d \tag{5-40}$$

Zhou 和 Leu 基于磨损量计算公式，再对影响磨损率的因素进行分析，提出最佳分形维数的概念，用实验验证他们的磨合磨损预测模型。

5.4.4 磨损表面形貌分形表征

表面形貌是指零件表面的粗糙度、波度、形状误差以及纹理等不规则的微观几何形状。表面形貌的变化直接影响摩擦副在磨损过程中的磨损机制，磨损效果的好坏主要由其变化来决定，所以一直是摩擦学工作者的主要研究内容。常用的表面形貌表征参数有轮廓算术平均偏差、轮廓均方根、轮廓高度分布的偏态和峰态、轮廓峰和谷的曲率半径、自相关函数、支撑面积曲线等，其中大部分参数用于表征磨损过程中表面形貌的变化。传统的表征参数对磨损表面形貌的研究以及对磨损过程中磨损规律的认识具有积极的作用，但也存在不足：①参数太多，不利于合理选择；②有些参数之间相关程度较大，同时使用很难提供更多的表面形貌信息；③自相关函数、支撑面积曲线等并非参数，而是函数，它们只能对表面进行定性说明，不能用作形貌模拟；④由于磨损表面高度变化具有随机特性，使得基于统计学的表征参数随测量条件（仪器的分辨率和采样长度等）的变化而表现出不稳定性。

通常情况下，表面的分形维数与轮廓曲线的分形维数存在如下关系：

$$D_b = D + 1 \tag{5-41}$$

式中，D_b 为表面的分形维数；D 为轮廓曲线的分形维数。因此可以通过测量轮廓曲线的分形维数来研究表面的分形特征。

大量的实验研究表明，对于具有统计自仿射分性特征的工程表面，采用结构函数测度和均方根测度方法更有效地对其进行分形计算和表征。

表面轮廓曲线的结构函数测度分形计算表达式为：

$$S(\tau)=\langle [Z(x+\tau)-Z(x)]^2 \rangle = C\tau^{4-2D} \tag{5-42}$$

式中，$Z(x)$ 为 Weierstrass-Mandelbrot 分形函数；D 为轮廓分形维数；C 为尺度系数；τ 为坐标位移增量。

表面轮廓曲线的均方根测度分形参数计算表达式为：

$$\sigma(\tau)=V_{ar}(\tau)^{\frac{1}{2}} = C\tau^{2-D} \tag{5-43}$$

将以上两式写成统计形式的幂律关系式：

$$M(\tau)=C\tau^{\alpha(D)} \tag{5-44}$$

式中，$M(\tau)$ 为结构函数或均方根测度；τ 为测量尺度；C 为尺度系数；$\alpha(D)$ 为分形维数的函数，在双对数坐标中是直线的斜率。

分形维数 D 反映的是表面轮廓的复杂程度和不规则性，它是相似性度量参数；尺度参数 C 反映的是单位尺度下表面轮廓测度的大小，它是表面轮廓测度的绝对测量参数，它们都不能单独反映一个粗糙表面的特征。只有把两者结合起来，才能可能实现对表面的客观表征。

5.5　磨屑分形

磨屑是在摩擦过程中，从基体上剥离的材料，它含有大量的有关摩擦、磨损的信息，尤其是它的形状、大小、表面纹理等参数。国内外专家学者对磨屑的研究已有数十年的历史，但由于对磨屑形态的分析过于依赖经验，使得磨屑的分析受到很大的限制。所以，为了更深刻地研究材料磨损的微观机制，对磨屑的大小、形态等参数深入研究显得很有必要。

5.5.1　磨屑形态表征参数

表征磨屑大小的主要参数就是磨屑粒度及其分布的特性，这在很大程度上决定磨损性能的好坏，是评价设备磨损状态的基本依据。

所谓磨屑大小的表征常常采用粒度和粒径两个科学术语，但两者在用法和含义上没有根本的区别。一般情况下，粒径是以单个磨屑为研究对象，表示磨屑的大小；而粒度是以磨屑粒群为研究对象，表示所有磨屑大小的总体概念。

(1) 单个磨屑的粒径　通常采用“演算直径”来表征不同规则的磨屑，而“演算直径”就是通过测定与磨屑大小相关的参数，推导出线性量纲参数。通常采用的“演算直径”有轴径和圆当量径。

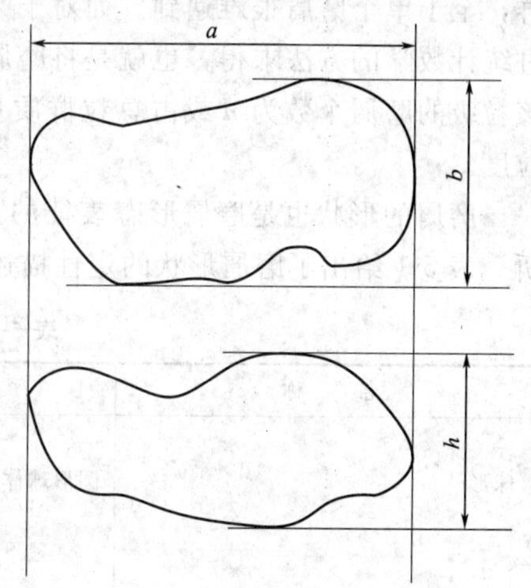

图 5-16　磨屑的几何特征

① 轴径　所谓的轴径主要是用指定的特征线段表示，如图 5-16 所示。a 为长径，即磨屑平面投影图中最大的距离；b 为短径，即磨屑在垂直长径方向上的最大距离；h 为厚度，即在另一投影面上垂直于长径的最大距离。根据这三种特征线段，单个磨屑轴径的表征方法如下。

a. 二轴平均径

$$d_a=\frac{a+b}{2} \tag{5-45}$$

它是磨屑平面图形长径与短径的算术平均值。

b. 三轴平均径

$$d_c=\frac{a+b+h}{3} \tag{5-46}$$

它是磨屑立体图形三维尺寸的算术平均值。

c. 二轴几何平均径

$$d_\gamma=\sqrt{ab} \tag{5-47}$$

它是磨屑平面图形长短径的几何平均值。

d. 三轴几何平均径

$$d_z=\sqrt[3]{abh} \tag{5-48}$$

它是磨屑外接长方体有相同体积的立方体的一边长。

② 圆当量径　它适用于磨屑具有相同面积或周长的圆直径来表示的尺寸，有两种表达

形式。

a. 投影面积直径

$$d_a=\sqrt{\frac{4A}{\pi}} \tag{5-49}$$

式中，A 是磨屑投影面积。

b. 周长直径

$$d_\pi=\frac{L}{\pi} \tag{5-50}$$

式中，L 是磨屑外形周长，所以周长直径是与磨屑投影边界周长相等的圆的直径。

(2) 平均粒度　其实在机械磨损状态中，遇到的磨屑基本上都是包含不同粒径的磨屑群，至于单个磨屑很难遇到。而对于磨屑群大小的表征，常采用平均粒度。平均粒度可以通过统计数学的方法求得，也就是将磨屑群分为若干窄级别的粒级，任意粒级的粒度为 d，设该粒级的磨屑个数为 n 或占总粒群质量比为 W，再用加权平均法计算得到总磨屑群的平均粒度。

磨屑的形状也是磨屑形态表征的一个重要特征，磨屑形状分析主要分为定性和定量分析。表 5-1 给出了磨屑形状的定性描述。

表 5-1　磨屑形状的定性描述

名　称	描　述	形　状
球形	圆形球体	
椭圆形	表面比较光滑近似椭圆形	
多角形	具有清晰边缘或粗糙的多面形体	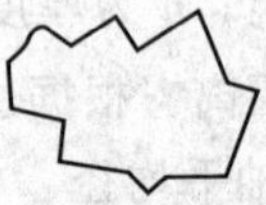
不规则体	无任何对称的形体	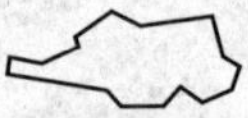
粒状体	具有大致相同量纲的不规则体	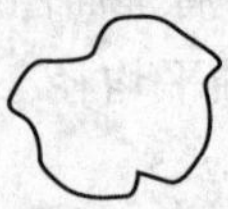
片状体	板片状形体	
枝状体	树枝状形体	
纤维体	规则或不规则的线状体	
多孔体	表面或内部有密布的孔隙	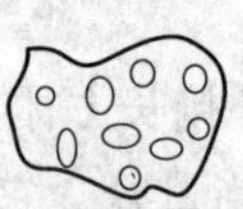

5.5.2 磨屑的识别

磨屑的识别主要是磨屑轮廓的识别，微观观察磨屑的轮廓就像岛屿和海岸线一样，因此可以用分析海岸线分形的方法来进行磨屑分析，对不规则的磨屑轮廓形态描述可以采用 Richardson 计算方法。

取特定的磨屑，以很小的间隔沿磨屑轮廓取一系列的点，再隔一定点数将轮廓曲线连成封闭折线。每次取不相同的间隔点重复这一过程，将每个间隔取点估算出封闭折线的周长，并将周长和步数之比作为平均步长。随着步长的减小，较小的细节被测量到，封闭折线周长逐渐增大，将各步的平均步长与周长标在双对数坐标上，得到 Richardson 图。然后根据最小二乘法拟合直线，通过计算直线的斜率将得到磨屑边界轮廓的分形维数。但这种办法计算的分形维数存在一个不足，也就是说，计算的分形维数不唯一，因为该方法受到计算方法中磨屑边缘起始点的选择、步长等本身因素的影响。通过对 Richardson 计算方法的改进，得到了精度较高的磨屑轮廓分形维数计算方法。

目前精度较高的磨屑轮廓分形维数计算方法主要有 EXACT 法、FAENA 法以及 FAST 法。EXACT 法计算原理是在磨屑边缘上任取一点作为起始点，量规步长设定为 ε，在离起始点为 ε 处，寻找边缘轮廓的另一点，把该点作为量规的第二点，并用它来测量第三点的位置，如此重复下去，直到从第 n 个点寻找第 $n+1$ 个点时，又把起始点包含进去了。这样就形成一个 n 边的多边形，把这些步长加起来就可以计算出这个多边形的周长。若不同的步长重复上述过程，即可得到有关周长和步长的一组数据，然后用最小二乘法拟合程序，拟合线的斜率就可以计算出分形维数。FAENA 法与 EXACT 法不相同，FAENA 法是对于给定的步长 ε，为从当前的点找到另一个点，计算机程序从当前点出发，逐个寻找边缘像素，直到当前点与所找的边缘像素间的距离达到或稍超过步长 ε，把这一新找的像素点最为新的点，测算两个点之间的距离并将其存起来，把这一过程继续下去直到把边缘检测完毕。FAST 法的原理是以相同的“步尺码”沿边缘轮廓“行走”。“步尺码”是指每测量一步内的边缘像素个数。而步长是预先确定的步尺码两端点间的欧氏距离。将步尺码的两端点用直线连起来，则磨屑边缘近似为一个多边形，每完成一个循环，把各步长加起来，并将其除以多边形边数即得平均步长，并把最后的非完整步长加进其他步长之和即得周长值。以不同的步尺码重复这一过程，在双对数坐标中标出周长与步长的关系，就可以计算出分形维数。

EXACT、FAENA、FAST 三种方法比较，对于实际磨屑的边缘表征，FAENA 方法是最精确的；FAST 方法主要用于表征如 Koch 岛这样的磨屑形状，其他图形效果较差；EXACT 方法所作“图形边缘分段线性”的假设与分形图形的“自相似性”特征相互矛盾，所计算的分形维数往往较小。

5.5.3 磨屑的分布

磨屑群体的分布具有随机性，很难准确地了解磨屑的各种特性，一般情况下，常用磨屑的统计分布和分形分布来表征磨屑的形态。从统计角度来看，磨损产生的磨屑在尺寸上具有统计分布规律。例如：在接触压力为 $P=0.87\text{MPa}$，滑动速度为 $v=0.015\text{m/s}$ 实验条件下，进行磨屑统计分析实验，分析结果为磨屑的统计分析服从于威布尔函数，分布曲线形状随磨损过程而变化。

磨屑的分形分布主要是离散体构成的自然分形，如岩石的破碎体、宇宙星球、土壤颗粒等的分布数量与离散体的尺寸之间都具有标度率关系，也就是说具有显著的分形特征。1986年 D. L. Turcotte 总结了各种破碎过程中碎片数量与碎片尺寸的关系，它与分形维数的联系可用式(5-51) 描述：

$$N(r)=Cr^{-D} \tag{5-51}$$

式中，$N(r)$ 为特征尺寸大于 r 的离散体数目；C 是比例常数；D 是分形维数。

第6章 金属材料磨损

金属材料已广泛应用于各个行业领域，例如：航空航天领域、汽车制造领域、医学应用领域、日常生活领域等。然而随着科学技术和现代工业的高速发展，机械制造领域中设备的运转速度越来越高，受摩擦的零件被磨损的速度也越来越快，其使用寿命越来越成为影响现代设备（特别是高速运转的自动生产线）生产效率的重要因素。尽管材料磨损很少引起金属工件灾难性的危害，但其所造成的能源和材料消耗是十分惊人的。据统计，世界工业化发达的国家约30%的能源是以不同形式消耗在磨损上的。如在美国，每年由于摩擦磨损和腐蚀造成的损失约1000亿美元，占国民经济总收入的4%。而我国仅在冶金、矿山、电力、煤炭和农机部门，据不完全统计，每年由于工件磨损而造成的经济损失约400亿元人民币。据统计，国内每年消耗金属耐磨材料约达300万吨以上，应用摩擦磨损理论防止和减轻摩擦磨损，每年可节约150亿美元。近年来，针对设备磨损的具体工况和资源情况，研制出多种新型耐磨材料。本章主要介绍几种常用的耐磨金属材料。

6.1 黄铜的磨损

6.1.1 黄铜牌号及应用

黄铜是由铜和锌所组成的合金。如果只是由铜、锌组成的黄铜就叫作普通黄铜。如果是由二种以上的元素组成的多种合金就称为特殊黄铜，如由铅、锡、锰、镍、铅、铁、硅组成的铜合金。表6-1为国内外铜及铜合金的牌号。

表6-1 铜及铜合金牌号对照

	中国 GB/T 5232	国际标准 ISO	原苏联 ГОСТ	美国 ASTM	日本 JIS	德国 DIN	英国 BS	法国 NF
普通黄铜	H96	CuZn5	Л96	C21000	C2100	CuZn5	CZ125	CuZn5
	H90	CuZn10	Л90	C22000	C2200	CuZn10	CZ101	CuZn10
	H85	CuZn15	Л85	C23000	C2300	CuZn15	CZ102	CuZn15
	H80	CuZn20	Л80	C24000	C2400	CuZn20	CZ103	CuZn20
	H70	CuZn30	Л70	C26000	C2600	CuZn30	CZ106	CuZn30
	H68	—	Л68	C26200	—	CuZn33	—	—
	H65	CuZn35	—	C27000	C2700	CuZn36	CZ107	CuZn33
	H63	CuZn37	Л63	C27200	C2720	CuZn37	CZ108	CuZn37
	H62	CuZn40	—	C28000	C2800	—	CZ109	CuZn40
	H59	—	Л60	C28000	C2800	CuZn40	CZ109	—
铅黄铜	HPb63-3	—	Л63-3	C34500	C3450	CuZn36Pb3	CZ124	—
	HPb63-0.1	—	—	—	—	CuZn37Pb0.5	—	—
	HPb62-0.8	CuZn37Pb1	—	C35000	C3710	—	—	—

续表

	中国 GB/T 5232	国际标准 ISO	原苏联 ГОСТ	美国 ASTM	日本 JIS	德国 DIN	英国 BS	法国 NF
铅黄铜	HPb61-1	—	Л60-1	C37100	C3710	CuZn39Pb0.5	CZ123	CuZn40Pb
	HPb59-1	CuZn39Pb1	Л59-1	C37710	C3771	CuZn40Pb2	CZ122	—
加砷黄铜	HAl77-2	CuZn20Al2	ГА77-2	C68700	C6870	CuZn20Al	CZ110	CuZn22Al2
	HSn70-1	CuZn28Sn1	ГО70-1	C44300	C4430	CuZn28Sn	CZ111	CuZn29Sn1
	H68A	CuZn30As	—	C26130	—	—	CZ216	CuZn30
锡黄铜	HSn90-1	—	ГО90-1	C40400	—	CuZn39Sn	—	—
	HSn62-1	CuZn38Sn1	ГО62-1	C46400	C4620	—	CZ112	—
	HSn60-1	—	ГО60-1	C48600	—	—	CZ113	CuZn38Sn1
铝黄铜	HAl60-1-1	CuZn39AlFeMn	ЛАЖ60-1-1	C67800	—	—	CZ115	—
	HAl59-3-2	—	ЛАН59-3-2	—	—	—	—	—
	HAl66-6-3-2	—	—	—	—	—	CZ116	—
锰黄铜	HMn58-2	—	ЛМЦ58-2	—	—	CuZn40Mn	—	—
铁黄铜	HFe59-1-1	—	ЛЖМЦ59-1-1	C67820	—	CuZn40Al1	CZ114	—

（1）普通黄铜

① 普通黄铜的室温组织　普通黄铜是铜锌二元合金，其含锌量变化范围较大，因此其室温组织也有很大不同。根据 Cu-Zn 二元状态图，黄铜的室温组织有 3 种：含锌量在 35% 以下的黄铜，室温下的显微组织由单相的 α 固溶体组成，称为 α 黄铜；含锌量在 36%～46% 范围内的黄铜，室温下的显微组织由（$\alpha+\beta$）两相组成，称为（$\alpha+\beta$）黄铜（两相黄铜）；含锌量超过 46%～50% 的黄铜，室温下的显微组织仅由 β 相组成，称为 β 黄铜。

② 压力加工性能　α 单相黄铜（从 H96 至 H65）具有良好的塑性，能承受冷热加工，但 α 单相黄铜在锻造等热加工时易出现中温脆性，其具体温度范围随含 Zn 量不同而有所变化，一般在 200～700℃之间。因此，热加工时温度应高于 700℃。单相 α 黄铜中温脆性区产生的原因主要是在 Cu-Zn 合金系 α 相区内存在着 Cu_3Zn 和 Cu_9Zn 两个有序化合物，在中低温加热时发生有序转变，使合金变脆；另外，合金中存在微量的铅、铋有害杂质与铜形成低熔点共晶薄膜分布在晶界上，热加工时产生晶间破裂。实践表明，加入微量的铈可以有效地消除中温脆性。

两相黄铜（从 H63 至 H59），合金组织中除了具有塑性良好的 α 相外，还出现了由电子化合物 CuZn 为基的 β 固溶体。β 相在高温下具有很高的塑性，而低温下的 β' 相（有序固溶体）性质硬脆。故（$\alpha+\beta$）黄铜应在热态下进行锻造。含锌量大于 46%～50% 的 β 黄铜因性能硬脆，不能进行压力加工。

③ 力学性能　黄铜中由于含锌量不同，力学性能也不一样，图 7 是黄铜的力学性能随含锌量不同而变化的曲线。对于 α 黄铜，随着含锌量的增多，σ_b 和 δ 均不断增高。对于（$\alpha+\beta$）黄铜，当含锌量增加到约为 45% 之前，室温强度不断提高。若再进一步增加含锌量，则由于合金组织中出现了脆性更大的 r 相（以 Cu_5Zn_8 化合物为基的固溶体），强度急剧降低。（$\alpha+\beta$）黄铜的室温塑性则始终随含锌量的增加而降低。所以含锌量超过 45% 的铜锌合金无实用价值。

图 6-1　黄铜法兰过滤器

普通黄铜的用途极为广泛，如水箱带、供排水管、奖章、波纹管、蛇形管、冷凝管、弹壳及各种形状复杂的冲制品、小五金件等。随着锌含量的增加（H63 到 H59），它们均能很好地承受热态加工，多用于机械及电器的各种零件、冲压件及乐器等处。图 6-1～图 6-5 为黄铜的部分应用。

（2）特殊黄铜　为了提高黄铜的耐蚀性、强度、硬度和切削性等，在铜-锌合金中加入少量（一般为 1%～2%，少数达 3%～4%，极个别的达 5%～6%）锡、铝、锰、铁、硅、镍、铅等元素，构成三元、四元、甚至五元合金，即为复杂黄铜，亦称特殊黄铜。

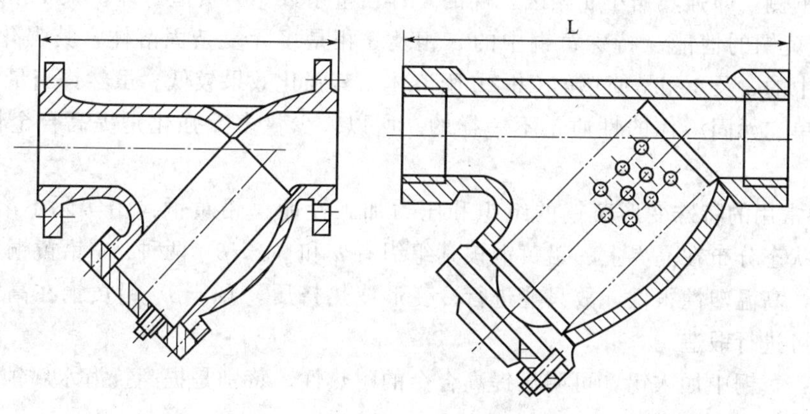

图 6-2　黄铜法兰过滤器主要外形尺寸

图 6-3　黄铜法兰截止阀

图 6-4　黄铜闸阀

① 锌当量系数　复杂黄铜的组织，可根据黄铜中加入元素的“锌当量系数”来推算。因为在铜锌合金中加入少量其他合金元素，通常只是使 Cu-Zn 状态图中的 $\alpha/(\alpha+\beta)$ 相区向左或向右移动。所以特殊黄铜的组织，通常相当于普通黄铜中增加或减少了锌含量的组织。例如，在 Cu-Zn 合金中加入 1%硅后的组织，即相当于在 Cu-Zn 合金中增加 10%锌的合金组织。所以硅的“锌当量”为 10。硅的“锌当量系数”最大，使 Cu-Zn 系中的 $\alpha/(\alpha+\beta)$ 相

图 6-5 黄铜管

界显著移向铜侧，即强烈缩小 α 相区。镍的“锌当量系数”为负值，即扩大 α 相区。

② 特殊黄铜的性能　特殊黄铜中的 α 相及 β 相是多元复杂固溶体，其强化效果较大，而普通黄铜中的 α 及 β 相是简单的 Cu-Zn 固溶体，其强化效果较低。虽然锌当量相当，多元固溶体与简单二元固溶体的性质是不一样的。所以，少量多元强化是提高合金性能的一种途径。

③ 几种常用的特殊变形黄铜的组织和压力加工性能　铅黄铜：铅实际不溶于黄铜内，呈游离质点状态分布在晶界上。铅黄铜按其组织有 α 和 $(\alpha+\beta)$ 两种。α 铅黄铜由于铅的有害作用较大，高温塑性很低，故只能进行冷变形或热挤压。$(\alpha+\beta)$ 铅黄铜在高温下具有较好的塑性，可进行锻造。

锡黄铜：黄铜中加入锡，可明显提高合金的耐热性，特别是提高抗海水腐蚀的能力，故锡黄铜有“海军黄铜”之称。

锡能溶入铜基固溶体中，起固溶强化作用。但是随着含锡量的增加，合金中会出现脆性的 r 相（CuZnSn 化合物），不利于合金的塑性变形，故锡黄铜的含锡量一般在 0.5%～1.5%范围内。

常用的锡黄铜有 HSn70-1、HSn62-1、HSn60-1 等。前者是 α 合金，具有较高的塑性，可进行冷、热压力加工。后两种牌号的合金具有 $(\alpha+\beta)$ 两相组织，并常出现少量的 r 相，室温塑性不高，只能在热态下变形。

锰黄铜：锰在固态黄铜中有较大的溶解度。黄铜中加入 1%～4%的锰，可显著提高合金的强度和耐蚀性，而不降低其塑性。

锰黄铜具有 $(\alpha+\beta)$ 组织，常用的有 HMn58-2，冷、热态下的压力加工性能相当好。

铁黄铜：铁黄铜中，铁以富铁相的微粒析出，作为晶核而细化晶粒，并能阻止再结晶晶粒长大，从而提高合金的力学性能和工艺性能。铁黄铜中的铁含量通常在 1.5%以下，其组织为 $(\alpha+\beta)$，具有高的强度和韧性，高温下塑性很好，冷态下也可变形。常用的牌号为 Hfe59-1-1。

镍黄铜：镍与铜能形成连续固溶体，显著扩大 α 相区。黄铜中加入镍可显著提高黄铜在大气和海水中的耐蚀性。镍还能提高黄铜的再结晶温度，促使形成更细的晶粒。

HNi65-5 镍黄铜具有单相的 α 组织，室温下具有很好的塑性，也可在热态下变形，但是对杂质铅的含量必须严格控制，否则会严重恶化合金的热加工性能。

6.1.2　黄铜的化学成分

黄铜具有良好的耐磨性，化学成分是影响其耐磨性的重要因素之一。为方便了解黄铜的耐磨性，表6-2～表6-6给出了部分黄铜的化学成分及国内外对比。

表6-2　部分黄铜的化学成分（中国牌号）　单位：%

牌　号	主要成分			杂质成分		杂质总和
	Cu	Pb	Zn	Fe	Ni	
HPb59-1	57～60	0.8～1.9	余量	≤0.5	≤1.0	≤1.0
HPb59-2	57.5～59.5	2.0～2.8	余量	≤0.5	—	≤1.2
HPb60-2	58～61	1.5～2.5	余量	≤0.3	—	—

表6-3　部分黄铜的化学成分（日本牌号）　单位：%

牌号	主要成分			杂质成分		杂质总和	对应中国牌号
	Cu	Pb	Zn	Fe	Sn		
C3602	59.0～63.0	1.8～3.7	余量	≤0.5	Fe+Sn≤1.2	≤1.2	HPb60-2
C3603	57.0～61.0	1.8～3.7	余量	≤3.5	Fe+Sn≤0.6	≤1.2	HPb60-2
C3604	57.0～61.0	1.8～3.7	余量	≤0.5	Fe+Sn≤1.2	—	HPb59-3
C3771	57.0～61.0	1.0～2.5	余量	Fe+Sn≤1.0		—	HPb59-1

表6-4　部分黄铜的化学成分（德国牌号）　单位：%

牌号	主要成分			杂质成分				杂质总和	对应中国牌号
	Cu	Pb	Zn	Fe	Al	Sn	Ni		
CuZn39Pb2	58.5～60.0	1.5～2.5	余量	≤0.4	—	≤0.2	≤0.3	≤0.2	HPb60-2
CuZn39Pb3	57.0～59.0	2.5～3.5	余量	≤0.5	≤0.1	≤0.4	≤0.5	≤0.2	HPb59-3
CuZn40Pb2	57.0～59.0	1.5～2.5	余量	≤0.4	≤0.1	≤0.3	≤0.4	≤0.2	HPb59-1

表6-5　部分黄铜的化学成分（美国牌号）　单位：%

牌号	主要成分			杂质成分		杂质总和	对应中国牌号
	Cu	Pb	Zn	Fe	Sn		
CZ120	58.0～60.0	1.5～2.5	余量	—	—	0.3	HPb59-1 HPb60-2
CZ121Pb3	56.5～58.5	2.5～3.5	余量	≤0.3	—	≤0.7	HPb59-3

表6-6　部分黄铜的化学成分（英国牌号）　单位：%

牌号	主要成分			杂质成分		杂质总和	对应中国牌号
	Cu	Pb	Zn	Fe	Sn		
CZ120	58.0～60.0	1.5～2.5	余量	—	—	0.3	HPb59-1 HPb60-2
CZ121Pb3	56.5～58.5	2.5～3.5	余量	≤0.3	—	≤0.7	HPb59-3

6.1.3　黄铜的摩擦磨损

黄酮是一种重要的耐磨材料，许多研究者已将其用于研究磨损机理。黄铜具有较低的摩擦系数和磨损量，具体如表6-7和表6-8所示。特殊黄铜、粉末冶金黄铜、烧结黄铜

(H68)、新型黄铜等都具有良好的耐磨性。影响黄铜摩擦磨损性能的主要因素为硬度、化学成分、表面粗糙度、第二相、速度、载荷、服役环境等。磨损机制一般为黏着磨损、磨粒磨损、腐蚀磨损。在特殊黄铜中第二相对其耐磨性影响较大，在软的基体上分布硬相，当软相被磨去后留下的凹坑仍可以储存润滑油的材料，硬相能够起到支撑作用，从而提高耐磨性；在二元合金 Cu-Zn 合金中加入 Al、Mn、Si、Fe 等元素，这样可以形成 Mn_5Si_3，Fe_3Si 等硬相，这些硬相均匀分布在β基体上，形成了软基体加硬质点的理想耐磨组织，从而提高耐磨性；还可以在二元合金 Cu-Zn 合金中加入稀土，稀土元素能够脱硫、脱氧、脱氢，并与低熔点杂质起反应，起到净化合金的作用，同时还能有效地细化晶粒和改变杂质的形态和分布，改善合金的耐磨性。在铝黄铜中加入适量的 Fe、Si、B 元素，可以有效地提高其耐磨性。在铝青铜中适量加入 Pb 元素，有利于改善其摩擦磨损性能。

表 6-7 黄铜的静摩擦系数

摩擦副材料		摩擦系数	
		无润滑	有润滑
黄铜	黄铜	0.17	0.02
黄铜	钢	0.3	0.02
黄铜	未淬火 T8 钢	0.19	0.03
黄铜	淬火 T8 钢	0.14	0.02
黄铜	硬橡胶	0.25	—
黄铜	玻璃	0.25	—
黄铜	铝	0.27	0.02

表 6-8 黄铜空气和真空中摩擦系数对比

摩擦副材料		载荷(N)	摩擦系数	
			空气	真空
黄铜	黄铜	32	0.31	0.7
		64	0.39	0.6

6.2 铸铁的磨损

6.2.1 铸铁的分类及应用

铸铁是一系列主要由铁、碳和硅组成的合金的总称。在这些合金中，碳含量超过了在共晶温度时能保留在奥氏体固溶体中的量，工业和生活用铸铁含碳量常在 2.5%～4.0%。

铸铁是由新生铁、废钢铁、回炉铁、铁合金等各种金属炉料进行合理搭配熔制出的。铸铁的组分主要是铁，此外还含有少量的碳、硅、锰、磷、硫，也可根据需要含有其他合金元素。

铸铁的分类方法较多，主要有以下几种。

① 按铸铁的断口特征分类为：灰口铸铁（灰铸铁）、白口铸铁、麻口铸铁。

② 按铸铁的石墨形态分类为：灰铸铁、蠕墨铸铁、球墨铸铁、可锻铸铁。

③ 按铸铁的化学成分分类为：普通铸铁、合金铸铁。

④ 按铸铁的共晶度分类为：亚共晶铸铁、共晶铸铁、过共晶铸铁。

⑤ 按铸铁的特殊性能分类为：耐磨铸铁、抗磨铸铁、耐蚀铸铁、耐热铸铁、无磁性铸铁等。此外，还可按铸铁的基体组织分类（如铁素体球墨铸铁、珠光体球墨铸铁、贝氏体球

墨铸铁等)；按铸铁的制取工艺分类（如孕育铸铁、冷硬铸铁等)；按铸铁的合金成分分类（如铝铸铁、镍铸铁、铬铸铁、钨铸铁、硼铸铁等)。

灰铸铁（灰口铸铁)：碳分主要以片状石墨形式出现的铸铁，断口呈灰色，基体形式为：铁素体、珠光体、珠光体加铁素体。由于灰铸铁具有一定的强度和良好的减震性、耐磨性，以及优良的切削加工性和铸造工艺性，并且生产简便、成本低，因此在工业生产和民用生活中得到最广泛的应用，其性能指标如表6-9所示。

表6-9　灰铸铁的力学性能

灰铸铁牌号	力学性能				
	抗拉强度 σ_b/MPa	抗压强度 σ_k/MPa	剪切强度 r_b/MPa	硬度	
				牌号	HBS
HT100	100	—	—	H145	—
HT150	150	588～785	—	H175	150～200
HT200	200	588～785	243	H195	170～220
HT250	250	785～981	277	H215	190～240
HT300	300	981～1177	385	H235	210～260
HT350	350	1177～1275	414	H255	230～280

孕育铸铁：仍属灰铸铁范畴，是铁液经孕育处理后，获得的亚共晶灰铸铁。孕育铸铁的碳主要以细片状石墨形式出现，基体形式为珠光体、铁素体。孕育前的铁液（原铁水）成分一般选择在位于铸件组织图上的麻口区内或白口区域的边缘地带。经孕育处理后的孕育铸铁，Si常被调整到1.2%～1.8%，共晶团被显著地细化，石墨的尺寸及分布得到改善，从而提高了强度，因此孕育铸铁又常称为高强度灰铸铁。

孕育铸铁的抗拉强度可达200～400MPa，抗弯强度可达450～600MPa，但延伸率和冲击韧性仍较低，故常用于动载荷较小，静力强度要求较高的重要铸件，如机床床身、发动机缸体等。

球墨铸铁：是铁液经过球化剂处理而不是经过热处理，使石墨大部或全部呈球状，有时少量为团絮状的铸铁。但球墨铸铁经过一定的热处理却可改变基体的形式，球墨铸铁的基体形式为：铁素体、珠光体、铁素体加珠光体、贝氏体、奥氏体加贝氏体。球化前的铁液（原铁水）成分一般选择在共晶点附近，以不出现石墨漂浮为前提，通常希望为高碳、低硅、低磷硫。经球化处理后的铁液还需要进行孕育处理，以消除球化元素所造成的白口倾向，并同时细化石墨球，球化孕育处理后的球墨铸铁，Si常被调整1.8%～3.3%，镁残余量（Mg残）控制在0.03%～0.08%，稀土氧化物残余量（RE残）控制在0.02%～0.04%，都不希望太高。

球墨铸铁是20世纪40年代末发展起来的一种新型结构材料，除有类似于灰铸铁的良好减震性、耐磨性、切削加工性和铸造工艺性外，还具有比普通灰铸铁高得多的强度、塑性和韧性，抗拉强度可达1200～1450MPa，延伸率可达17%，冲击值可达60J/cm^2，因此已用于生产受力复杂，强度、韧性、耐磨性等要求较高的零件，如汽车、拖拉机、内燃机等的曲轴、凸轮轴，还有通用机械的中压阀门等。

蠕墨铸铁：是铁液经过蠕化处理，大部分石墨为蠕虫状石墨的铸铁。蠕墨铸铁的基体形式为：铁素体、珠光体、铁素体加珠光体。蠕化前的铁液（原铁水）成分的选择与球墨铸铁的原铁液成分的选择相似，碳当量一般控制在4.3%～4.6%，同样希望为高碳、低硅、低磷硫。经蠕化处理后的铁液也需要进行孕育处理，主要是消除蠕化元素所引起的白口组织，并细化石墨，使共晶团数量增多。蠕化孕育处理后的蠕墨铸铁，Si常被调整到2.0%～3.0%，加镁钛蠕化剂时，镁残余量（Mg残）控制在0.015%～0.03%，钛残余量（Ti残）控制在0.08%～0.1%；加稀土镁钛蠕化剂时，稀土氧化物残余量（RE残）控制在0.001%～0.002%，镁残余量控制在0.015%～0.035%，钛残余量（Ti残）控制在0.06%～0.13%。蠕墨铸铁是二十世纪60年代开发的一种新型铸铁材料，抗拉强度可达500MPa，比灰铸铁强度高，且比球墨铸铁铸造性能好，此外还有良好的导热性等，因此已用于生产柴油机缸盖、电动机外壳、驱动箱箱体、制动器鼓轮、液压件阀体、冶金钢锭模等。

可锻铸铁（又称马铁、玛钢、韧铁）：是白口铸铁通过石墨化或氧化脱碳可锻化处理，改变其金相组织或成分，而获得的有较高韧性的铸铁。可锻铸铁由于处理工艺的不同又可分为黑心可锻铸铁和白心可锻铸铁。黑心可锻铸铁是白口铸铁在中性气氛中热处理，使碳化铁分解成絮状石墨与铁素体，正常断口呈黑绒状并带有灰色外圈的可锻铸铁，其中：基体主要为珠光体的黑心可锻铸铁称为可锻铸铁，基体主要为铁素体的黑心可锻铸铁称为铁素体可锻铸铁；白心可锻铸铁是白口铸铁在氧化气氛中退火，产生几乎是全部脱碳的可锻铸铁。

可锻铸铁的原铁液（原铁水）成分一般选择在亚共晶范围，以保证铸坯获得纯白口组织且不析出初生石墨又有良好铸造性能为前提，在选择时要综合考虑碳硅含量和锰硫含量的配合关系。可锻铸铁经热处理后，抗拉强度可达300～700MPa，延伸率可达2%～16%，强度高于灰铸铁，韧性接近铸钢，铸造性能又优于铸钢，因此已广泛用于汽车、拖拉机、农业机具及铁道零件，还用于电力线路工具、管路连接件、五金工具及家庭用具等。

耐磨铸铁：是在润滑条件下而不易磨损的铸铁。主要通过加入某些合金元素在铸铁中形成一定数量的硬化相。通常用于机床件和通用件的耐磨铸铁有：磷系耐磨铸铁、钒钛系耐磨铸铁、铬钼铜系耐磨铸铁、稀土系耐磨铸铁、锑系耐磨铸铁、硼系耐磨铸铁等。用于活塞环的耐磨铸铁有：钨系耐磨铸铁、钼铜系耐磨铸铁、镍铬系耐磨铸铁、磷系耐磨铸铁等。用于汽缸套的耐磨铸铁有：磷系耐磨铸铁、铬钼铜系耐磨铸铁等。

抗磨铸铁：是在摩擦条件下而不易磨损的铸铁。通常有：普通白口铸铁、合金白口铸铁、中锰球墨铸铁等。普通白口铸铁主要用于农用犁铧、粉碎机锤片、磨粉机磨片等；合金白口铸铁主要用于杂质泵叶轮和泵体、抛丸机滑板和叶片；中锰球墨铸铁主要用于球磨机磨球、农机耙片和犁铧等。

冷硬铸铁（激冷铸铁）：是铸件某些部分通过激冷凝固速度较快，全部或大部碳呈化合态的铸铁，冷硬铸铁的组织是由外层的白口组织和心部的灰口组织（片状石墨或球状石墨）共生组成。冷硬铸铁的制取，一方面是通过控制化学成分造成较大的激冷性，另一方面是在工艺上采取激冷的措施。冷硬铸铁常用于轧辊，特别是冶金轧辊，此外，还用于柴油机挺杆、拖拉机带轮、碾砂机走轮等。

耐热铸铁：是在高温下其氧化或变形符合使用要求的铸铁。可在铸铁中加入某些合金元素以提高铸铁在高温时的抗氧化性和抗生长性。

通常，耐热铸铁按加入合金元素不同可分为三类：含硅耐热铸铁、含铝耐热铸铁、含铬耐热铸铁，主要用于烧结机台车、石油炼炉管板、电炉炉门、锅炉炉箅、烟道挡板、换热器等。

耐蚀铸铁：是有一定抗腐蚀能力的铸铁。如高硅耐酸铸铁、高硅钼抗氯铸铁、铝铸铁、高铬铸铁、镍铸铁、抗碱铸铁等，主要用于石油、化工、化肥等设备中的许多零件。

无磁性铸铁：是具有低磁导率的铸铁。基体组织为奥氏体，常称为奥氏体铸铁，可分为片状石墨奥氏体铸铁和球状石墨奥氏体铸铁，主要用于油开关盖、变压器尾箱、电机夹圈、磁铁支架、潜水艇零件等。铸铁的应用如图6-6～图6-8所示。

图6-6　汽车工业

图6-7　球墨铸铁各种管件

图6-8　铸铁的阀体

6.2.2 铸铁的牌号及化学成分

影响铸铁耐磨性的主要因素就是铸铁的化学成分，根据化学成分不同耐磨铸铁分为磷系耐磨铸铁、钒钛系耐磨铸铁、铬钼铜系耐磨铸铁、稀土系耐磨铸铁、锑系耐磨铸铁、硼系耐磨铸铁、钨系耐磨铸铁、钼铜系耐磨铸铁、镍铬系耐磨铸铁、磷系耐磨铸铁、磷系耐磨铸铁、铬钼铜系耐磨铸铁等。国内外对铸铁的牌号及部分铸铁的化学成分对照如表 6-10～表 6-12 所示。

表 6-10 灰口铸铁牌号对照

中国	美国	德国	日本	法国	英国	国际
GB/T 9439-1988	ASTM A48	DIN1691	JIS G5501	NFA32-101	BS1452	ISO/R185
HT150	Class 20B	GG15	FC15	Ft. 15D	Cr. 150	Cr. 15
HT200	Class 25B	GG20	FC20	Ft. 20D	Cr. 180	Cr. 20
HT250	Class 35B	GG25	FC25	Ft. 25D	—	Cr. 25
HT300	Class 45B/50B	GG30	FC30	Ft. 30D	Cr. 300	Cr. 30
HT350	Class 55B	GG35	FC35	Ft. 35D	Cr. 350	Cr. 35
—	Class 60B	GG40	—	Ft. 40D	Cr. 400	Cr. 40

注：本对照表为抗拉强度近似对照。

表 6-11 球墨铸铁牌号对照

中国	美国	德国	日本	法国	英国	国际
GB 1348-1988	ASTM A536	DIN1693	JIS G5502	NFA32-201	BS 2789	ISO/R1083
QT400-18	60-40-18	GGG40	FCD40	FGS370-17	Cr. 370-17	Cr. 370-17
QT450-10	65-45-12	—	—	FGS400-12	Cr. 420-12	Cr. 420-12
QT500-7	80-55-06	GGG50	FCD45/50	FGS500-7	Cr. 500-7	Cr. 500-7
QT600-3		GGG60	FCD60	FGS600-3	Cr. 600-3	Cr. 600-3
QT700-2	100-70-03	GGG70	FCD70	FGS700-2	Cr. 700-2	Cr. 700-2
QT800-2	120-90-02	GGG80	—	FGS800-2	Cr. 800-2	Cr. 800-2

注：本对照表为抗拉强度近似对照。

表 6-12 部分铸铁的牌号及化学成分 单位：%

类型	牌号	化学成分								
		C	Mn	Si	P≤	S≤	Mo	Cu	Re	Mg
灰铸铁	HT200	3.2～3.5	0.8～1.0	1.5～1.8	0.15	0.12	—	—	—	—
	HT250	3.2-3.4	0.5-0.8	1.6-1.9	0.15	0.10	—	—	—	—
	HT300	2.9～3.2	0.9～1.1	1.2～1.5	0.15	0.12	—	—	—	—
球墨铸铁	QT700-2	3.7～4.0	0.5～0.8	2.3～2.6	0.1	0.02	0.15～0.4	0.4～0.8	0.035～0.065	0.035～0.065
	QT600-3	3.6～3.8	0.5～0.7	2.0～2.4	0.08	0.015	0.3	0.8～1.0		0.06～0.08
	QT400	3.4-3.8	0.4	2.2-3.0	0.10	0.04	—	—	—	—
耐磨耐热铸铁	RTCR16	1.6～2.4	≤1.0	1.5～2.2	0.10	0.05	15.0～18.0	—	—	—
高铬铸铁	A	3.2～3.4	0.8～1.0	0.8～1.0	0.04	0.03	17～20	0.15～0.25	0.4～0.6	0.5～0.7
	B	3.8～3.0	0.6～0.8	0.6～0.8	0.04	0.03	25～27	0.3～0.5	—	—

6.2.3 铸铁的摩擦磨损

铸铁作为重要的耐磨材料受到许多研究者广泛的关注，同时形成一系列耐磨铸铁。铸铁的摩擦系数较低，而且对偶面摩擦副材料较为广泛，不乏青铜、皮革、橡胶、软木等材料，具体情况如表6-13所示。但耐磨铸铁中最重要的就是高铬铸铁，高铬铸铁作为一种优良的耐磨材料，近20年来已在国内外广泛应用，目前已应用于破碎、研磨、物料输送等选矿机械和冶金设备中。影响高铬铸铁耐磨性的主要因素是组织形态、磨损工况等，磨损机制为磨粒磨损，一般分为高应力磨粒磨损、凿削、低应力磨粒磨损。为提高高铬铸铁的耐磨性，要严格设计其化学成分，碳元素是影响高铬铸铁韧性的最大元素，由于碳元素与铁、铬、钼等元素形成的碳化物为高硬度相，如果以网状分布，必然增加其脆性，所以碳含量必须综合考虑铬含量的影响；铬元素在钢铁中形态较为复杂，部分铬和铁形成固溶体，又是形成碳化物的主要元素之一，因此铬元素含量的控制也要综合考虑；钼元素在铁液中有铬时溶解度降低，溶入基体的钼对基体组织性能有极大的影响，能极大地提高淬透性，在工业中一般钼含量控制在0.8%～1.0%；锰元素一定程度上影响碳化物的形态，碳化物中固溶少量的锰硬度有所增加；硅元素是非碳化物形成元素，使共晶碳化物变得细小，分布更加弥散，固溶于奥氏体或铁素体中，产生固溶强化作用，有助于提高马氏体型转变产物的硬度，一般硅元素含量控制在0.4%～0.8%；铜元素能使碳化物变得细小、不连续，使基体的被割裂现象减轻，韧性提高，加入量过多，会在枝晶富集处析出，反而对韧性不利，铜元素含量一般控制在0.5%～1.0%；钛元素可以促进形核，细化晶粒，同时钛的碳化物具有很高的显微硬度，可提高高铬铸铁的耐磨性，钛元素含量一般控制在0.2%左右；磷元素和硫元素的含量要求控制在0.05%以下。

表6-13 铸铁的静摩擦系数

摩擦副材料		摩擦系数	
		无润滑	有润滑
铸铁	铸铁	— 0.15	0.15～0.16(静) 0.07～0.12
铸铁	青铜	0.28(静) 0.15～0.21	0.16(静) 0.07～0.15
铸铁	皮革	0.55 0.28	0.15 0.12
铸铁	橡胶	0.8	0.5
铸铁	硬木	0.2～0.35	0.12～0.16
铸铁	软木	0.3～0.5	0.15～0.25
铸铁	钢纸	0.3～0.5	0.12～0.17
铸铁	毛粘	0.22	0.18
铸铁	石棉	0.25～0.4	0.08～0.12
铸铁	软钢	0.2(静) 0.18	0.05～0.15

6.3 铝合金的磨损

6.3.1 铝合金的分类及应用

铝合金是工业中应用最广泛的一类有色金属结构材料，在航空、航天、汽车、机械制造、船舶及化学工业中已大量应用。铝合金是以铝为基的合金总称，主要合金元素有铜、硅、镁、锌、锰，次要合金元素有镍、铁、钛、铬、锂等。铝合金因为具有优良的性能而被广泛应用，表 6-14 和表 6-15 为部分铝合金典型的物理性能和典型的力学性能。

表 6-14 部分铝合金的典型机械性能

铝合金牌号及状态	拉伸强度(25℃ MPa)	屈服强度(25℃ MPa)	硬度 500kg 10mm	延伸率 1.6mm 厚度
5052-H112	175	195	60	12
5083 H112	180	211	65	14
6061-T651	310	276	95	12
7050-T7451	510	455	135	10
7075 T651	572	503	150	11
2024-T351	470	325	120	20

表 6-15 部分铝合金的典型物理性能

铝合金牌号及状态	热膨胀系数(20～100℃)/[μm/(m·K)]	熔点范围/℃	电导率 20℃(68℉)/%IACS	电阻率 20℃(68℉)(Ω·mm²/m)	密度(20℃)/(g/cm³)
2024-T351	23.2	500～635	30	0.058	2.82
5052-H112	23.8	607～650	35	0.050	2.72
5083-H112	23.4	570～640	29	0.059	2.72
6061-T651	23.6	580～650	43	0.040	2.73
7050-T7451	23.5	490～630	41	0.0415	2.82
7075-T651	23.6	475～635	33	0.0515	2.82

铝合金一般分为铝铜合金，该合金特点是硬度较高，我国常规工业中不常应用，主要应用于飞机重型、锻件、厚板和挤压材料，车轮与结构元件，多级火箭第一级燃料槽与航天器零件，卡车构架与悬挂系统零件等领域；铝锰合金具有良好的耐蚀性，主要应用于厨具、食物和化工产品处理与贮存装置，运输液体产品的槽、罐，以薄板加工的各种压力容器与管道等领域；铝硅合金具有良好的热、耐磨的特性，主要应用于建筑用材料、机械零件、锻造用材、大楼建筑的外装板等领域；铝镁合金具有良好密度低，抗拉强度高，延伸率高特性，主要应用于制冷机与冰箱的内衬板，汽车气管、油管与农业灌溉管；也可加工厚板、管材、棒材、异形材和线材等领域；铝镁硅合金具有优良的优良的接口特征、容易涂层、强度高、可使用性好，抗腐蚀性强特性，主要应用于飞机零件、照相机零件、耦合器、船舶配件和五金、电子配件和接头、装饰用或各种五金、铰链头、磁头、刹车活塞、水利活塞、电器配件、阀门和阀门零件等领域；铝锌合金具有优良的强度高、抗腐蚀性能强特性，主要应用于航空领域。图 6-9 和图 6-10 为铝合金的部分应用领域。

图 6-9 铝合金发动机汽缸盖

图 6-10　铝合金发动机机体

6.3.2　硅铝合金的牌号及化学成分

铝合金中硅铝合金具有优越的摩擦学性能，是一种重要的耐磨材料，因其应用于航空航天领域而受到广泛关注。化学成分是影响其摩擦学性能的重要因素，硅铝合金的牌号以及化学成分较为复杂，国内外也不尽相同，表 6-16 介绍了我国部分硅铝合金的牌号及化学成分。

表 6-16　铝硅合金牌号及化学成分　　单位：%

牌号	化学成分										
	Si（硅）	Fe（铁）	Cu（铜）	Mn（锰）	Mg（镁）	Cr（铬）	Zn（锌）	Ti（钛）	其他 单个	其他 合计	Al（铝）
6A02	0.50～1.2	0.5	0.20～0.6	或 Cr 0.15～0.35	0.45～0.9	—	0.2	0.15	0.05	0.1	余量
6B02	0.7～1.1	0.4	0.10～0.40	0.10～0.30	0.40～0.8	—	0.15	0.01～0.04	0.05	0.1	余量
6A51	0.50～0.7	0.5	0.15～0.35	—	0.45～0.6	—	0.25	0.01～0.04	0.05	0.15	余量
6101	0.30～0.7	0.5	0.1	0.03	0.35～0.8	0.03	0.1	—	0.03	0.1	余量
6101A	0.30～0.7	0.4	0.05	—	0.40～0.9	—	—	—	0.03	0.1	余量
6005	0.6～0.9	0.35	0.1	0.1	0.40～0.6	0.1	0.1	0.1	0.05	0.15	余量
6005A	0.50～0.9	0.35	0.3	0.5	0.40～0.7	0.3	0.2	0.1	0.05	0.15	余量
6351	0.7～1.3	0.5	0.1	0.40～0.8	0.40～0.8	—	0.2	0.2	0.05	0.15	余量
6060	0.30～0.6	0.10～0.30	0.1	0.1	0.35～0.6	0.05	0.15	0.1	0.05	0.15	余量
6061	0.40～0.8	0.7	0.15～0.40	0.15	0.8～1.2	0.04～0.35	0.25	0.15	0.05	0.15	余量
6063	0.20～0.6	0.35	0.1	0.1	0.45～0.9	0.1	0.1	0.1	0.05	0.15	余量

续表

牌号	化学成分										
	Si	Fe	Cu	Mn	Mg	Cr	Zn	Ti	其他		Al
	（硅）	（铁）	（铜）	（锰）	（镁）	（铬）	（锌）	（钛）	单个	合计	（铝）
6063A	0.30～0.6	0.15～0.35	0.1	0.15	0.6～0.9	0.05	0.15	0.1	0.05	0.15	余量
6070	1.0～1.7	0.5	0.15～0.40	0.40～1.0	0.50～1.2	0.1	0.25	0.15	0.05	0.15	余量
6181	0.8～1.2	0.45	0.1	0.156	0.6～1.0	0.1	0.2	0.1	0.05	0.15	余量
6082	0.7～1.3	0.5	0.1	0.40～1.0	0.6～1.2	0.25	0.2	0.1	0.05	0.15	余量

6.3.3 硅铝合金的摩擦磨损

硅铝合金作为先进的摩擦学材料，具有极低的摩擦系数，具体见表6-17所示。尽管硅铝合金的摩擦学性能优异，但其制备技术较难，这是一直困扰国内外专家学者的关键问题，目前，主要采用喷射沉积技术突破了这一难题，主要用在发动机缸套的制备上，制造的高硅铝合金缸套摩擦学性能优于美国、日本、德国、英国等国家，并成功应用于汽车发动机、赛车发动机、民用动力机械上，即将取代了钢、铸铁缸套材料。

表6-17 硅铝合金的静摩擦系数

摩擦副材料		摩擦系数	
		无润滑	有润滑
硅铝合金	夹布胶木	0.34	—
硅铝合金	钢纸	0.32	—
硅铝合金	树脂	0.28	—
硅铝合金	硬橡胶	0.25	—
硅铝合金	石板	0.26	—
硅铝合金	绝缘物	0.26	—

硅铝合金中的硅元素的含量以及分布不同，其磨损机制也有所不同。当铝合金中含有弥散的石墨颗粒时将具有优异的抗擦伤性能和低的磨损率，能提高材料的耐磨和自润滑性能，其膨胀系数、弹性模量、热导率也能通过改变石墨颗粒的含量来控制。石墨增强铝基复合材料是由铝合金基体和弥散分布的石墨颗粒构成的，不仅具有铝基的比强度高、导热性好等金属特性，且综合石墨的自润滑性和良好的化学稳定性，克服了金属基体耐磨性差的缺点，在制造活塞、缸套、轴瓦等方面有广阔的应用前景。

为提高硅铝合金的应用领域，增强其耐磨性，往往利用激光熔覆的办法在其表面熔覆铜合金，这样Cu与Mo、Co、Fe等元素的互溶度较小，由高温液态快速凝固时会发生液相分离。因此，在硅铝合金表面熔覆含有一定量的Ni、Mo、Co、Fe等多种元素的Cu基混合粉末时，通过粉末材料的快速熔化和快速非平衡凝固可获得以过饱和铜基固溶体为基体，分离相为增强相的复合材料涂层，进而提高硅铝合金的耐磨损性能。

第7章 磨损实例

在设备使用过程中，机械零件由于设计、材料、工艺及装配等各种原因，丧失规定的功能，无法继续工作的现象称为失效。当机械设备的关键零部件失效时，就意味着设备处于故障状态，机械零件失效的模式，即失效的外在表现形式，主要表现为磨损、变形、断裂等。据统计约有70%～80%的设备损坏是由于各种形式的磨损而引起的，磨损失效不仅造成大量的材料和部件浪费而且可能直接导致灾难性后果，如机毁人亡等。下面主要介绍几种常用的因磨损而失效的机械零件。

7.1 齿轮

7.1.1 齿轮的种类

齿轮及其齿轮产品是机械装备的重要基础件，绝大部分机械成套设备的主要传动部件都是齿轮传动，齿轮行业是机械业的基础。相对机械装配业而言，齿轮工业属于技术最密集、资金最密集以及规模相对最大的行业。

我国齿轮行业基本由三部分组成，即工业齿轮、车辆齿轮和齿轮装备。

（1）车辆齿轮传动制造　包括车辆齿轮和车辆变速总成，主要为汽车、工程机械、农机、摩托车变速传动的配套，车辆齿轮占到齿轮行业60%。

（2）工业齿轮传动制造　包括了工业通用、专用、重载齿轮传动，用于冶金、矿山、水泥、船用等等领域的专用齿轮箱；其市场份额分别为18%、12%和8%。

（3）齿轮装备制造业　包括齿轮机床、刀具、量具、实验设备、齿轮润滑和密封的领域，齿轮装备占市场份额的2%。就市场需求与生产规模而言，中国齿轮行业在全球排名已超过意大利，居世界第四位。

齿轮分类较为复杂，下面介绍齿轮的不同分类。

按照传动比分为圆形齿轮机构和非圆齿轮机构。

圆形齿轮机构分为平面齿轮机构和空间齿轮机构。而平面齿轮机构又分为平行轴斜齿圆柱齿轮机构、人字齿齿轮机构和曲线齿圆柱齿轮机构；空间齿轮机构分为锥齿轮（相交）机构、交错轴（平行但不相交）斜齿轮机构、蜗轮蜗杆机构（交错）在机床和准双曲线齿轮机构。传动平稳，利用偏置距可增大小轮直径，能实现两端支撑，提高耐性。应用：越野车、小客车、卡车。

非圆齿轮机构中非圆齿轮是分度曲面不是旋转曲面的齿轮，它和另一个齿轮组成齿轮副以后，在啮合过程中，其瞬时角速度比按某种既定的运动规律而变化。非圆齿轮可以实现特殊的运动和函数运算，对机构的运动特性很有利，可以提高机构的性能，改善机构的运动条件。广泛运用于自动机器仪器仪表及解算装置、提高性能和简化复杂机械过程中。

按照齿廓曲线分为渐开线齿轮、摆线齿轮、圆弧齿轮。

按照齿面硬度分为软齿面（≤350HB）齿轮和硬齿面（>350HB）齿轮。

按照齿轮传动机构的工作条件分为开式齿轮、半开式齿轮和封闭式齿轮。其中开式完全外露，不能保证良好润滑；封闭式齿轮封闭在箱体内，润滑良好；半开式齿轮浸在油池内，装有防护罩，不封闭。

根据齿轮轴性分为平行轴齿轮、直交轴齿轮、错交轴齿轮，具体情况如表 7-1 所示。

表 7-1 齿轮轴性分类

类别	种类	理论效率/%
平行轴	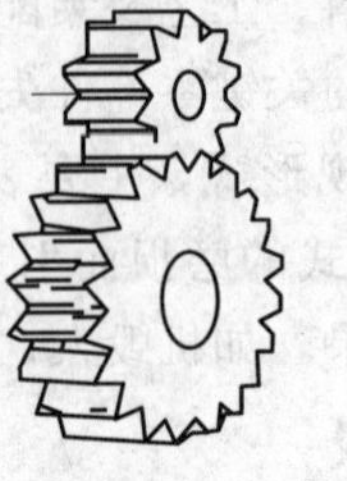 正齿轮 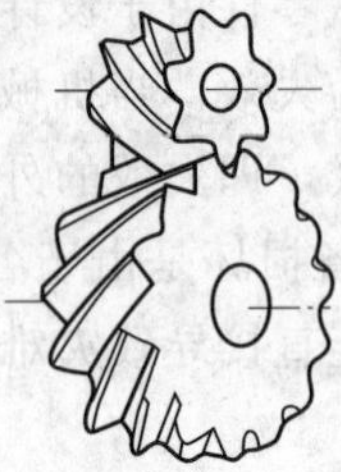 斜齿轮	95～99
	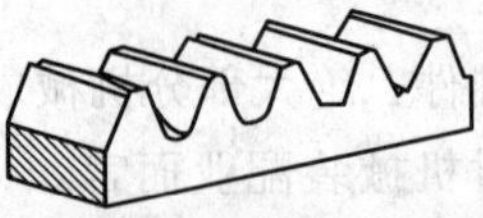 正齿轮  斜齿轮	
	 内齿轮	
直交轴	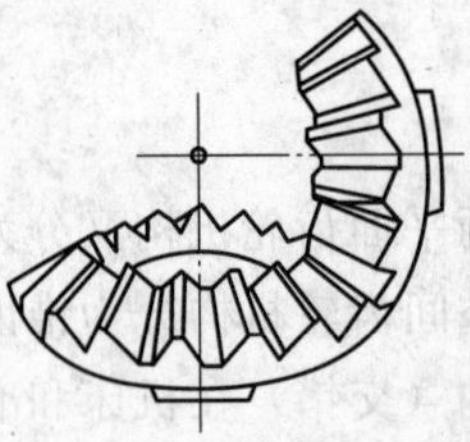 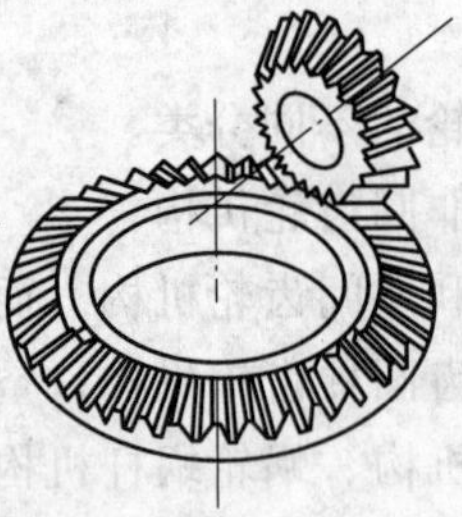 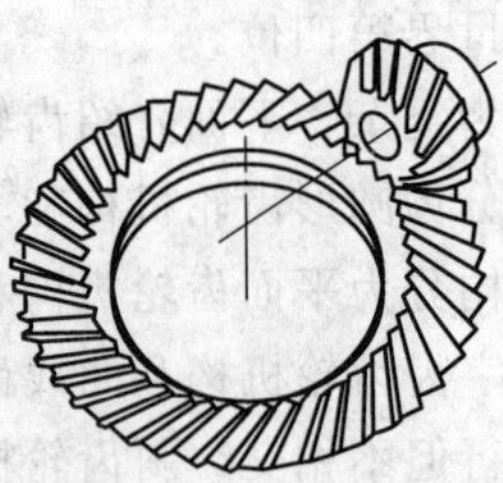 伞形齿轮	95～99
错交轴	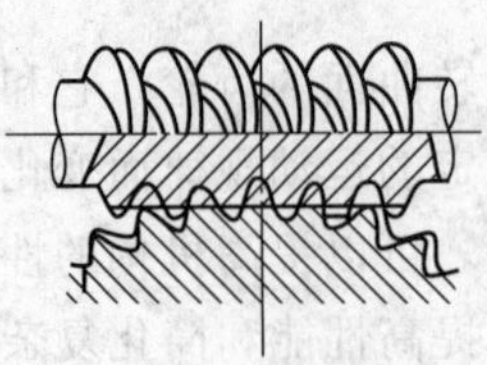 蜗杆蜗轮 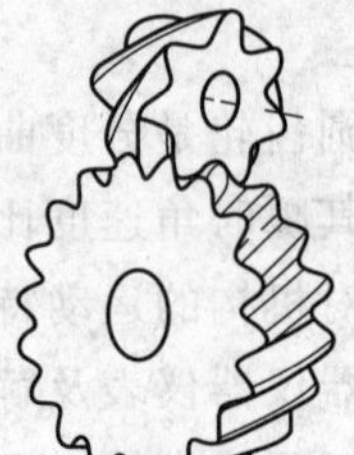 错交螺旋齿轮	30～88

7.1.2　齿轮磨损失效

齿轮的服役环境极为复杂，各种因素对齿轮服役的影响不尽相同，服役过程中齿轮之间在机械力的作用下，齿面之间会产生不同程度的损伤，造成齿轮磨损失效，齿轮服役过程中受力方向如图 7-1 所示，其中 ω_1 为主动轮的角速度，ω_2 为从动轮的角速度。随着齿轮转动速度的增加，扭矩随之发生变化，就会存在齿轮的正常工作区以及失效区，见图 7-2 所示，这对齿轮服役过程中的技术指导具有现实意义。

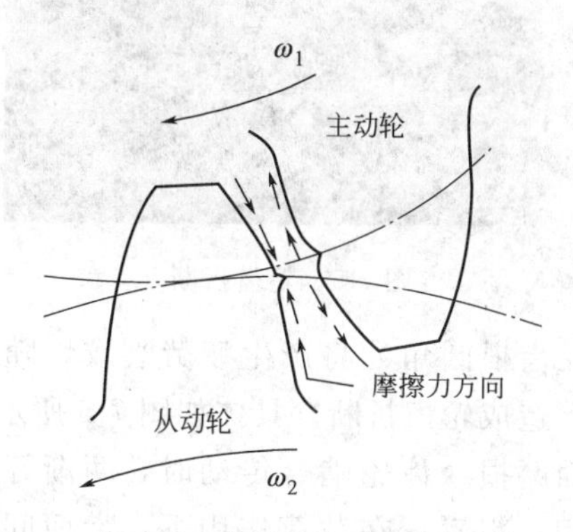

图 7-1　齿轮的摩擦力方向

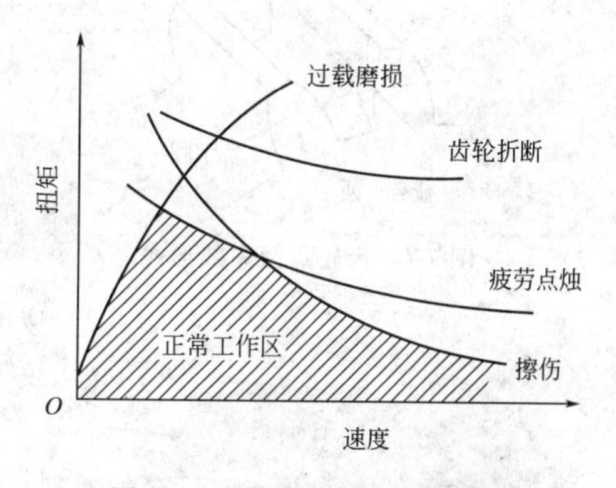

图 7-2　齿轮速度与扭矩的关系

在不同的工作条件下使用的齿轮造成的失效特征是不同的。根据齿轮的工作特点，在机械力的作用下，在齿根之间产生弯曲应力，齿面之间产生接触应力，进而齿面之间产生相对滑动摩擦而发生磨损。有时齿间存在间隙，在齿合过程中还会产生冲击，致使齿轮被折断。由于齿轮服役时所受载荷和转速不同，对于不同材料会造成不同的失效形式。齿轮的失效形式主要有齿体损伤（如轮齿折断）和齿面损伤。齿面损伤包括齿面点蚀、齿面胶合、齿面磨损和齿面塑性变形。

（1）齿面点蚀　所谓点蚀就是齿面材料变化着的接触应力作用下，由于疲劳而产生的麻点状损伤现象。齿面上最初出现的点蚀仅为针尖大小的麻点，如工作条件未加改善，麻点就会逐渐扩大，甚至数点连成一片，最后形成了明显的齿面损伤。原因是在齿轮传动过程中，齿轮接触面上各点的接触应力呈脉动循环变化，经过一段时间后，会由于接触面上金属的疲劳而形成细小的疲劳裂纹，裂纹的扩展造成金属剥落，形成点蚀。具体失效形式如图 7-3 和图 7-4 所示。

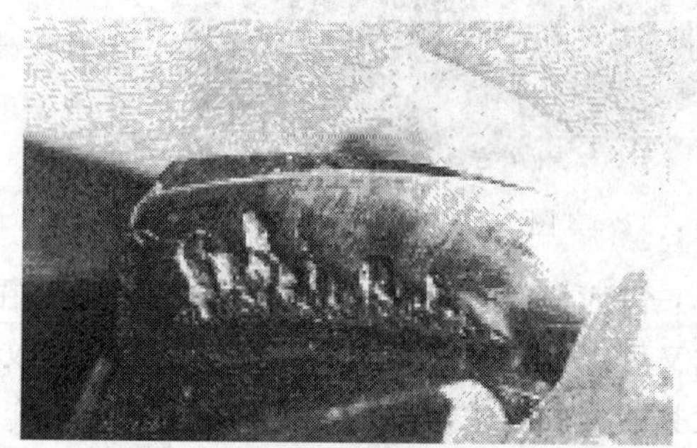

图 7-3　齿面点蚀

（2）轮齿折断　轮齿折断最常见的是弯曲疲劳折断、过载折断。轮齿受力后，在齿根部产生的弯曲应力最大，且在齿根过渡圆角处有应力集中。如果轮齿的交变应力超过了材料的

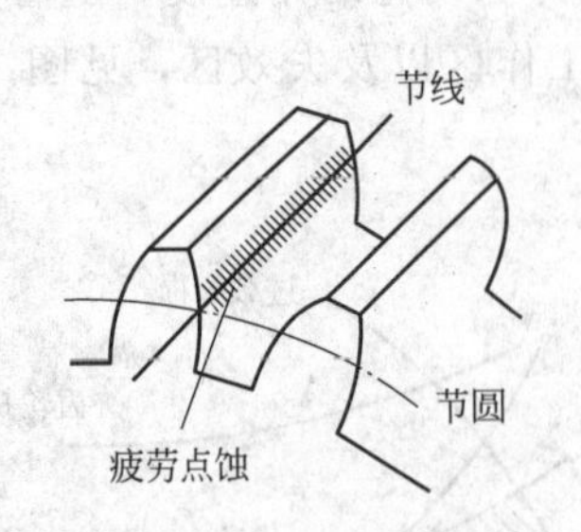

图 7-4　齿轮点蚀失效形式

图 7-5　轮齿折断

图 7-6　齿面磨损

疲劳极限，在齿根圆角处将产生疲劳裂纹，随后裂纹不断扩展，造成轮齿折断。具体如图 7-5 所示。

（3）齿面磨损　齿轮啮合传动时，两渐开线齿廓之间存在相对滑动，在载荷作用下，齿面间的灰尘，硬屑粒会引起齿面磨损。严重的磨损将使齿面渐开线齿形失真，齿侧间隙增大，从而产生冲击和噪音，甚至发生齿轮折断。在开式传动中，特别在多灰尘场合，齿面磨损是轮齿失效的主要形式，如图 7-6 所示。

（4）齿面胶合　对于高速重载的齿轮传动，齿面间压力、温度高，可能造成相啮合的齿面发生粘连，由于齿面继续相对运动，粘连部分被撕裂，在齿面上产生沿相对运动方向的伤痕，称为胶合。轮齿的胶合是由于齿面上不平的峰谷在接触时产生局部高压，使其熔焊在一起，而后随着齿齿面上的金属被大量撕脱，工作节线明显暴露出来，正常齿廓被破坏，轮齿就失效了。具体失效形式如图 7-7 和图 7-8 所示。

图 7-7　齿面胶合

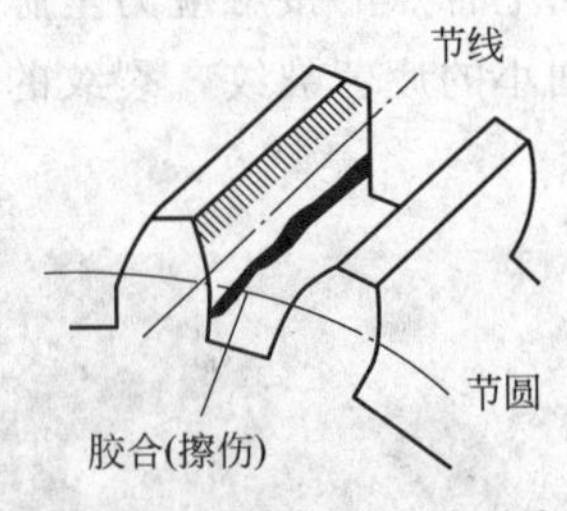

图 7-8　齿轮点蚀失效形式

（5）齿面塑形变形　塑性变形失效，是指在重载荷作用下表面会屈服所造成的表面变形。它又可以进一步分为压塌、飞边变形、波纹变形和沟条变形。塑性变形属于轮齿永久变形一大类的失效形式，它是由于在过大的应力作用下，轮齿材料处于屈服状态而产生的齿面或齿体塑性流动所形成的。塑性变形一般发生在硬度低的齿轮上，但在重载作用下，硬度高的齿轮上也会出现。

塑性变形又分为滚压塑变和锤击塑变。滚压塑变是由于啮合轮齿的相互滚压与滑动而引起的材料塑性流动所形成的。由于材料的塑性流动方向和齿面上所受的摩擦力方向一致，所以在主动轮的轮齿上沿相对滑动速度为零的节线处被碾出沟槽，而在从动轮的轮齿上则在节线处被挤出脊棱，这种现象称为滚压塑变形。锤击塑变则是伴有过大的冲击而产生的塑性变形，它的特征是在齿面上出现浅的沟槽，且沟槽的取向与啮合轮齿的接触线相一致。提高轮齿齿面硬度，采用高黏度的或加有极压添加剂的润滑油均有助于减缓或防止轮齿产生塑性变形，如图7-9所示。

图7-9　齿面塑性变形

齿轮失效形式中最重要的也是影响最大的是磨损失效。从微观角度，根据不同的磨损机理，可将齿轮的磨损划分为4个基本类型：磨粒磨损、黏着磨损、疲劳磨损和腐蚀磨损。磨粒磨损主要是犁沟和微观切削作用；黏着磨损与表面分子作用力和摩擦热密切相关；疲劳磨损是在循环应力作用下表面疲劳裂纹萌生和扩展的结果；而腐蚀磨损则是由环境介质的化学作用产生。在实际的磨损现象中，通常是几种形式的磨损同时存在，而且一种磨损发生后往往诱发其他形式的磨损。例如，齿轮疲劳磨损的磨屑在啮合的两齿面间移动，类似于研磨作用，会引起接触齿面的磨粒磨损，而磨粒磨损所形成的洁净表面又可能增大分子的黏附力，从而引起黏着磨损，同时轮齿材料的分子由于氧化作用或与周围介质发生化学变化，又可导致腐蚀磨损的产生。齿轮的微动磨损就是一种典型的复合磨损，在微动磨损过程中，可能出现黏着磨损、腐蚀磨损、磨粒磨损和疲劳磨损等多种磨损形式。随着工况条件的变化，不同形式磨损的主次不同。在实际齿轮工作中，齿轮表面的微小磨损并不妨碍其使用，只有磨损程度达到能够影响整个机械设备使用的情况下，齿轮才完全失效。这样齿轮就存在一个齿厚允许的磨损量，见表7-2所列。

表7-2　齿轮齿厚允许的磨损量　　单位：%

磨损量 \ 传动级 \ 比较的基准		齿厚磨损占原齿厚的比例	
		第一级啮合	其他级啮合
闭式	起升机构和非平衡变幅机构	10	20
	其他机构	15	25
开式齿轮传动		30	

7.1.3　齿轮磨损研究及修复

随着摩擦磨损理论的研究进展，关于齿轮的磨损问题研究也不断进步、不断创新，无论是理论研究，还是实验研究、数值仿真、磨损修复等方面。下面对齿轮磨损问题的实验研究、数值仿真、磨损修复进行详细介绍。

(1) 磨损实验研究　在齿轮磨损实验中测量磨损量和磨损状态的方法有两种：一种是称重法，这种方法是测量精度较高的方法，但要有高感量的分析天平；另一种是几何尺寸或形状比较法，可以测量不同磨损程度的齿厚、公法线、基节等。用精密的齿廓监测仪测定齿形的变化，在磨损造成的损失中，磨粒磨损就占了50%，因此人们对磨粒磨损非常重视。

磨屑是磨粒磨损最终产物，研究磨屑的形态、尺寸及其分布对于揭示磨损的发生、发展规律有重要意义。岳钟英等通过磨损实验和对磨屑形态的分析表明：不同特性的材料在不同的实验条件下得到的磨屑特征有明显差异。因此通过对磨屑形态变化规律的研究，可深入了解磨损机理。铁谱技术的应用，为磨损机理的研究和机械设备磨损状态的检测与故障诊断提供了一种新的技术工具：①从磨屑形态和尺寸特征，来判断零件所处的磨损状态，及该状态下发生的磨损类型（黏着、磨粒、疲劳、腐蚀等）；②测定磨损量（磨损曲线）；③磨屑尺寸大小与各个阶段中磨损剧烈程度的关系，为铁谱数据的管理和使用分析带来了极大的方便。然而铁谱分析也存在一个缺点，就是对分析依赖过强，因此朱新河等探讨了铁谱技术分析专家系统。由于系统的决策模型吸收了大量分析专家的参与，因此在作判断和决策时，要比单个分析人员进行这些工作更科学全面传统的磨粒分析主要通过观察其形貌、尺寸、光泽、数量等特征值，依据专家经验知识来识别。但是这些信息中含有非精确性、不完整性和冗余性特征值，粗糙集理论无须任何先验信息，能有效地分析处理不精确、不一致、不完整等各种不完备数据，并从中发现隐含的知识，提示潜在的规律。利用粗糙集理论对磨损微粒类型判断的决策进行了优化，与用经验判断的结果一致，为摩擦学系统中磨损微粒类型判断决策提出了一种新的优化方法，从而提高了利用计算机进行微粒识别的效率。应用分形理论与计算机图像技术相结合，描述了磨粒轮廓与边缘细节以及磨粒表面的纹理特征，提取了磨粒轮廓与表面纹理的四个分形特征，即磨粒轮廓分维特征、磨粒表面纹理分维及其方向分维特征以及磨粒间隙度特征等，客观全面地表征了磨粒纹理信息，提高了磨粒识别的范围与精确度，为有效识别磨粒提供了科学依据。

（2）磨损数值仿真研究　近年来，数值仿真技术逐渐地应用于摩擦学系统的研究中，为齿轮的磨损分析提供了一种新的手段。用有限元法计算分析了基于圆柱体接触等效模型的应力强度因子同裂纹长度的定量关系；并对齿轮齿侧面的点蚀磨损进行了数值模拟研究。研究了两个弹性体接触时的磨损计算，发现齿轮的主要磨损形式为轻微磨损，这种轻微磨损可导致齿轮表面形貌和尺寸的变化，引起齿轮的不均匀啮合甚至断裂失效，针对齿轮轻微磨损预测建立了数值仿真模型，指出可以将整个仿真过程视作初始值问题，而由于每一个啮合周期都会产生一定的磨损而使表面尺寸发生变化，故总的磨损是所有啮合周期所产生的磨损的总和。数值仿真方法作为新的磨损研究手段，已引起摩擦界的广泛重视，并将发挥越来越重要的作用。

（3）齿轮磨损修复　齿轮接触表面在载荷作用下发生摩擦磨损并伴随温度升高，最终导致齿轮失效。大多数重型齿轮尺寸大、加工困难、造价高、加工周期长，因此，如何延长大型齿轮使用寿命和对失效大型齿轮进行修复使其恢复功能一直是人们所关注的问题，普通大齿轮传动精度要求不高，通常采用腐蚀方法再生，以延长使用寿命，降低生产和经营成本提高经济效益，而精密齿轮传动精度要求高，出现齿面点蚀和磨损损伤后，必须恢复原来的齿轮尺寸和精度，此时易采用刷镀和堆焊方法进行修复。

① 调整换位修复　单向运转的齿轮经常发生轮齿单面损坏，在结构允许的情况下，可以将已磨损的齿轮换一个方位，利用未发生磨损损伤的另一面继续使用。如果齿轮结构对称，则翻转 180°重新安装后，可以继续使用。

② 腐蚀再生修复法　新加工的齿轮表面粗糙，运转中接触面积小，接触应力大，表面磨损剧烈。为了控制初期磨损，可以采用跑合方法来缩短初期磨损时间，使摩擦副接触表面相互共辊，从而改善齿轮接触表面质量。齿轮初期跑合的目的在于控制齿轮的初期磨损，而腐蚀再生技术从效果来看类似于齿轮的初期跑合。通常可以将齿轮的运转过程划分为 4 个阶段：跑合阶段；正常磨损阶段；剧烈磨损阶段；腐蚀再生阶段，通过利用润滑油添加剂的腐蚀作用，在短时间内消除齿轮表面点蚀及胶合引起的齿面凸起，使齿面发生微塑性变形削峰增合，扩大齿轮接触面积，从而抑制齿面破坏，提高齿轮的承载能力，延长齿轮的寿命。

③ 变位加工修复法 利用齿轮负变位法，将大齿轮磨损部分切去，重新匹配新的正变位的小齿轮，从而使齿轮体可以继续投入使用，这就是齿轮的变位加工。为了使中心距保持不变，应当保持大齿轮和小齿轮变位的绝对值取值相等，即小齿轮取正值，大齿轮取负值，修齿轮的变位系数大小，取决于大齿轮的磨损状况，而变位系数的极限值则以小齿轮不发生齿顶变尖为准。

④ 刷镀修复 以吸存有镀液的绝缘材料包覆的阳极作主镀刷，饱吸镀液同时工作，保持接触并作相对运动以完成电镀过程，这就是电刷镀。刷镀时被刷件作为阳极与直流电源的负极相连，同阳极形状相匹配的阴极安装于镀笔上并与电源的正极相连，镀液由泵注入阴极和阳极之间并循环，利用镀笔或镀件移动或转动实现阳极和阴极之间的相对运动。将电刷用于齿轮修复的优点主要是镀层的硬度和耐磨性较高，呈球花样的刷镀层之间存在的大量微孔，有利于吸附润滑油，从而提高抗磨性能。

⑤ 堆焊修复齿轮 采用堆焊方法可以修复齿轮的原始尺寸并适当提高修复齿轮的齿面硬度，齿轮局部堆焊和齿面多层堆焊处理后，可以采用磨削和切削加工法，常用的齿轮材料为中碳钢堆焊焊条或低合金钢，应当根据齿轮材料选择合适的焊条，一般应选用中低合金钢类，堆焊焊条为了取得更好的修复效果，可以在堆焊前将齿轮进行退火处理，以减小齿轮内部残余应力，降低硬度便于进行修复后齿轮的机加工和热处理。

⑥ 镶齿修复方法 对于受载不大，个别齿轮发生严重损伤的齿轮可以采用镶嵌方法进行修复，在原齿轮的根部开一个燕尾槽镶入轮齿，然后加工成所需齿形，可用螺钉将轮齿毛坯同原齿轮连接，并将各螺钉焊成一体，然后加工所需齿形，这就是镶齿修复。为了使齿轮毛坯同原齿轮根部镶嵌牢固，轮齿两侧必须借助点焊加以固定，对出现裂纹的轮齿采用齿端部加固方法，将废弃齿轮的未损伤轮齿切割，并在齿根处修理成倒梯形。通过增加焊接面积，可达到修复断齿的目的。

⑦ 热喷涂修复方法 热喷涂是指将融熔状态的喷涂材料，通过高热气流雾化喷射在材料表面形成喷涂后的一种金属表面加工方法。根据热源不同，可以将热喷涂区分为火焰喷涂、等离子喷涂和爆炸喷涂等类型，利用喷涂技术可以在材料表面制备几十毫米到几毫米厚的耐磨涂层，从而显著提高基体材料的耐磨性能和承载能力。

7.2 轴承

7.2.1 轴承的分类

轴承是各类机械装备的重要基础零部件，它的精度、性能、寿命和可靠性对主机的精度、性能、寿命和可靠性起着决定性的作用。在机械产品中，轴承属于高精度产品，不仅需要数学、物理等诸多学科理论的综合支持，而且需要材料科学、热处理技术、精密加工和测量技术、数控技术和有效的数值方法及功能强大的计算机技术等诸多学科为之服务，因此轴承又是一个代表国家科技实力的产品。它的主要功能是支撑机械旋转体，用以降低设备在传动过程中的机械载荷摩擦系数。按运动元件摩擦性质的不同，轴承可分为滚动轴承和滑动轴承两类。

滑动轴承是在滑动摩擦下工作的轴承。滑动轴承工作平稳、可靠、无噪声，在液体润滑条件下，滑动表面被润滑油分开而不发生直接接触，还可以大大减小摩擦损失和表面磨损，油膜还具有一定的吸振能力。滑动轴承应用场合一般在低速重载工况条件下，或者是维护保养及加注润滑油困难的运转部位。常用的滑动轴承材料有轴承合金（又叫巴氏合金或白合金）、耐磨铸铁、铜基合金、铝基合金、粉末冶金材料、塑料、橡胶、聚四氟乙烯（特氟龙、PTFE）、改性聚甲醛（POM）等。

滑动轴承种类很多，按能承受载荷的方向可分为径向（向心）滑动轴承和推力（轴向）滑动轴承两类；按润滑剂种类可分为油润滑轴承、脂润滑轴承、水润滑轴承、气体轴承；固体润滑轴承、磁流体轴承和电磁轴承7类；按润滑膜厚度可分为薄膜润滑轴承和厚膜润滑轴承两类；按轴瓦材料可分为青铜轴承、铸铁轴承、塑料轴承、宝石轴承、粉末冶金轴承、自润滑轴承和含油轴承等；按轴瓦结构可分为圆轴承、椭圆轴承、三油叶轴承、阶梯面轴承、可倾瓦轴承和箔轴承等。

滚动轴承不同于滑动轴承，具体的区别如表7-3所示。滚动轴承是将运转的轴与轴座之间的滑动摩擦变为滚动摩擦，从而减少摩擦损失的一种精密的机械元件。滚动轴承一般由内圈、外圈、滚动体和保持架组成。内圈装在轴颈上，外圈装在机座或零件的轴承孔内。多数情况下，外圈不转动，内圈与轴一起转动，当内外圈之间相对旋转时，滚动体沿着滚道滚动，保持架使滚动体均匀分布在滚道上，并减少滚动体之间的碰撞和磨损。

表7-3　滚动轴承和滑动轴承的特点

轴承类型	特　点
滑动轴承	寿命长，适于高速
	能承受冲击，振动载荷
	运转精度高，工作平衡，无噪声
	结构简单，装拆方便
	承载能力大，可用于重载场合
	非液体摩擦滑动轴承，摩擦损失大
滚动轴承	滚动轴承的效率和液体动力润滑轴承相当
	径向游隙比较小，向心角接触轴承可用预紧，运转精度高
	对于同尺寸的轴径，滚动轴承的宽度比滑动轴承小，可使机器的轴向结构紧凑
	大多数滚动轴承能同时受径向和轴向载荷，故轴承组合结构简单
	消耗润滑剂少，便于密封，易于维护
	不需要有用有色金属
	标准化程度高，成批生产，成本低

滚动轴承的内外圈和滚动体应具有较高的硬度和接触疲劳强度、良好的耐磨性和冲击韧性。一般用特殊轴承钢制造，常用材料有GCr15、GCr15SiMn、GCr6、GCr9等，经热处理后硬度可达60～65HRC。滚动轴承的工作表面必须经磨削抛光，以提高其接触疲劳强度。保持架多用低碳钢板通过冲压成形方法制造，也可采用有色金属或塑料等材料。为适应某些特殊要求，有些滚动轴承还要附加其他特殊元件或采用特殊结构，如轴承无内圈或外圈、带有防尘密封结构或在外圈上加止动环等。滚动轴承具有摩擦阻力小、启动灵敏、效率高、旋转精度高、润滑简便和装拆方便等优点，被广泛应用于各种机器和机构中。

滚动轴承种类很多，按承载方向可分为向心轴承（承受径向力及不大的轴向力）、推力轴承（只能承受轴向力）和向心推力轴承（能同时承受径向力和轴向力），见表7-4所列；按滚动体形状可分为球轴承、滚子轴承和滚针轴承；按工作条件可分为普通轴承、高速轴

表 7-4　滚动轴承按承载方向分类

<table>
<tr><th colspan="8">轴承结构分类</th><th>名称</th><th>简图</th><th>类型代号</th><th>标准编号</th></tr>
<tr><td rowspan="9">向心轴承</td><td rowspan="2">径向接触轴承</td><td rowspan="2">径向接触滚子轴承</td><td rowspan="2">滚针轴承</td><td rowspan="2">单列</td><td rowspan="2"></td><td rowspan="2">滚子外圈无挡边</td><td>内圈带平挡圈</td><td>带平挡圈(单列向心)滚轮滚针轴承</td><td></td><td>NATR</td><td rowspan="2">GB/T 6445.1</td></tr>
<tr><td>内圈带螺旋轴</td><td>带螺旋轴(单列向心)滚轮滚针轴承</td><td></td><td>KR</td></tr>
<tr><td rowspan="7">角接触向心轴承</td><td rowspan="7">角接触向心球轴承</td><td>调心球轴承</td><td>双列</td><td rowspan="3">不可分离型</td><td colspan="2">外圈球形滚道</td><td>(双列向心)调心球轴承</td><td></td><td>1</td><td>GB/T 281</td></tr>
<tr><td rowspan="6">角接触球轴承</td><td rowspan="6">单列</td><td colspan="2">锁口在外圈</td><td>(锁口在外圈的单列向心)角接触球轴承</td><td></td><td>7</td><td rowspan="3">GB/T 292</td></tr>
<tr><td colspan="2">锁口在内圈</td><td>(锁口在内圈的单列向心)角接触球轴承</td><td></td><td>B7</td></tr>
<tr><td rowspan="4">可分离型</td><td colspan="2">外圈可分离</td><td>外圈可分离的(单列向心)角接触球轴承</td><td></td><td>S7</td></tr>
<tr><td colspan="2">内圈可分离</td><td>内圈可分离的(单列向心)角接触球轴承</td><td></td><td>SN7</td><td>—</td></tr>
<tr><td rowspan="2">双半内圈</td><td>四点接触</td><td>(双半内圈单列向心)四点接触球轴承</td><td></td><td>QJ</td><td rowspan="2">GB/T 294</td></tr>
<tr><td>三点接触</td><td>(双半内圈单列向心)三点接触球轴承</td><td></td><td>QJS</td></tr>
</table>

续表

轴承结构分类								名称	简图	类型代号	标准编号
推力轴承	轴向接触轴承	轴向接触球轴承	推力球轴承	双列	可分离型	双向	平底型	双向推力球轴承	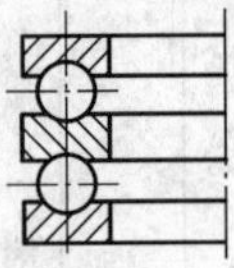	5	GB/T 301
							球面型	球面型双向推力球轴承	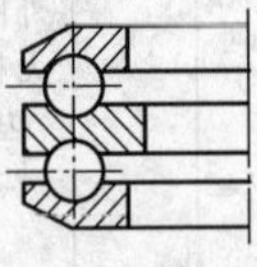		
		轴向接触滚子轴承	推力圆柱滚子轴承	单列		单向	平底型	(单向)推力圆柱滚子轴承	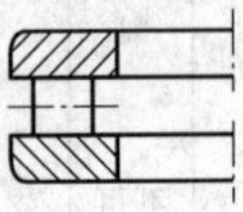	8	GB/T 4663
			推力滚针轴承		—		无垫圈	(单向)推力滚针和保持架组件	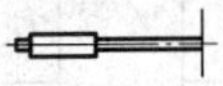	AXK	JB/T 7915
	角接触推力轴承	角接触推力球轴承	推力角接触球轴承		可分离型		平底型	(单向)推力角接触球轴承	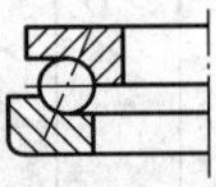	56	—
				双列		双向		双向推力角接触球轴承	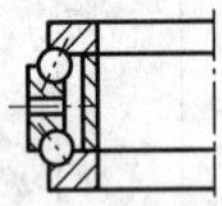	23	JB/T 6362
		角接触推力滚子轴承	推力圆锥滚子轴承	单列		单向		(单向)推力圆锥滚子轴承	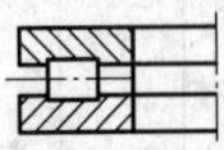	9	—
			推力调心滚子轴承					(单向)推力调心滚子轴承	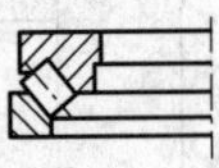	2	GB/T 5859

承、高温轴承、低温轴承、真空轴承、防磁轴承、耐腐蚀轴承、精密微型轴承和特大型轴承等。中国把各种类型的滚动轴承分成 B、C、D、E、G 5 个精度等级，B 为最高精度级，G 为普通精度级，应用最普遍。

7.2.2 轴承磨损失效

轴承的失效会直接影响整个机械设备的使用寿命，对于滚动轴承来说，我们常见的主要失效形式有：疲劳点蚀、塑性变形（凹坑和压痕）、磨损、裂纹和断裂、保持架损坏、特殊工况下的化学腐蚀和电流腐蚀。

失效形式中最主要的是磨损失效。滚动轴承内外圈与滚动体之间虽然主要表现为滚动摩擦，但金属表面存在接触和相对运动，使摩擦不可避免，使滚动轴承零件尺寸和形状发生变化，间隙增大，运动精度降低，噪声、振动加剧，最终导致滚动轴承失效。滚动轴承的磨损失效主要有4种类型：磨料磨损、黏着磨损、腐蚀磨损、微动磨损。磨料磨损是由于外界硬质磨料（如润滑油中的杂质）或碎裂的金属（如齿轮剥落物）进入轴承滚道引起的磨损，表现为磨损表面有被磨粒摩擦留下的细槽痕或因压溃而出现的麻点。黏着磨损是滚动轴承运动副中作相对运动的表面金属由于直接接触使材料从一个表面转移到另一个表面产生磨损，表现为滚道、滚动体表面可看到金属黏着的痕迹，严重的黏着磨损（胶合和咬死）导致负载加大，能耗上升，甚至无法工作。黏着磨损的主要原因是润滑不良、局部过热。腐蚀磨损是由于在野外露天工作，水和其他杂质极易进入减速器箱体内，使润滑油品质发生变化，在与滚动轴承摩擦表面接触时发生化学或电化学反应，产生腐蚀磨损，最常见的是由于水进入滚动轴承发生氧化磨损。微动磨损是由于运转时不可避免地存在振动，使滚动轴承零件之间存在长期的振幅很小的相对运动，接触部件就会出现微动磨损，最显著的特征是在接触表面出现红褐色的 Fe_2O_3 或是黑色的 Fe_3O_4 磨损和细小凹坑。各种复杂的因素不仅影响着轴承的磨损量，还影响着轴承的摩擦系数，常见的滑动轴承和滚动轴承及其对偶面的摩擦系数见表7-5和表7-6所列。

表7-5 滚动轴承的摩擦系数

轴承类别		摩擦系数	轴承类别	摩擦系数
单列向心球轴承	径向载荷	0.002	短圆柱滚子轴承	0.002
	轴向载荷	0.004	长圆柱滚子或螺旋滚子轴承	0.006
单列角接触球轴承	径向载荷	0.003	滚针轴承	0.008
	轴向载荷	0.005	推力轴承	0.003
圆锥滚子轴承	径向载荷	0.008	双列向心球面球轴承	0.0015
	轴向载荷	0.02	双列向心球面滚子轴承	0.004
轧辊用圆锥滚动轴承	—	0.002～0.005	—	—

表7-6 滑动轴承的摩擦系数

轴承类型	轴承状态	摩擦系数	备注
滑动轴承	液体摩擦	0.001～0.01	—
	半液体摩擦	0.01～0.1	—
	半干摩擦	0.1～0.5	—
轧辊轴承	层压胶木轴瓦	0.004～0.006	—
	青铜轴瓦	0.07～0.1	用于热轧辊
	青铜轴瓦	0.04～0.08	用于冷轧辊
	特殊密封的液体摩擦轴承	0.003～0.005	—
	特殊密封的半液体摩擦轴承	0.005～0.01	—

7.3 活塞环

活塞环作为内燃机内部的核心部件之一，它和汽缸、活塞、汽缸壁等一起完成燃油气体的密封作用，并且在内燃机中缸套-活塞环摩擦副对内燃机工作性能（动力性、经济性以及稳定性等）和使用寿命有着举足轻重的影响。因此研究活塞环在活塞中往复运动过程中的摩擦磨损情况具有十分重要的意义。

7.3.1 活塞环的作用

活塞环按作用分为气环和油环，它主要有 4 大功能。

(1) 保持气密性 活塞环是所有发动机零件中唯一作三个方向运动的零件。(即轴向运动、径向运动和圆周方向的旋转运动)，同时也是使用条件中最为苛刻的零件。发动机燃烧室在爆炸的瞬间，燃气温度可达到 2000～2500℃，其爆发压力平均达到 50kg/cm^2，活塞头部的温度一般不低于 200℃。活塞是作往复运动的，其速度和负荷都很大。因此活塞环是工作在高温、高压条件下的。尤其是第一道气环，承受的温度最高，润滑条件也最差，为了保证它具有和其他几道环相同或更高的耐用性，常常将第一道气环，的工作表面进行多孔镀铬处理。多孔镀铬层硬度高，并能贮存少量的润滑，以改善润滑条件，使环的寿命提高 2～3 倍。近年来，摩托车发动机大多采用长度短于缸径的活塞，这种活塞的头部在上行程转到下行程时会产生摆动现象，使活塞环外圆的上下边缘紧紧地与缸壁接触，导致活塞环的棱缘加载而形成刮伤。为避免这种异常现象，一般将第一道气环外圆制成圆弧状，以其上、下端面的边缘角不触及缸壁，并且易于发动机的初期磨合，这种气环称为桶面环，为目前高功率高转速的内燃机所采用。尽管当今制造技术非常精细，零部件差亦控制在最小范围，但因其材料、热处理及装配后的机械变形，汽缸内的气密总有极个别泄漏点存在，这就需要发动机在使用初期进行良好的磨合及启动后适当的预热来逐渐消除摩擦副的凹凸不平点。倘若由于多种原因引起汽缸的密封不良时，会引起压缩压力下降和燃烧气体的窜漏，高压高温气体将穿过缸壁与活塞环之间的微小空隙，由此而引起的故障是破坏了活塞环与缸壁之间的所必需的油膜，以致形成了金属之间直接接触的干摩擦状态，从而导致了因干摩擦而烧伤的拉伤活塞、活塞环和汽缸，使发动机产生异常磨损。泄漏的高温气体窜入曲轴箱使机油变质和产生硬质油泥，使活塞环发生黏着等故障。由此看来，确保活塞环在汽缸内的气密性关重要，来不得任何的泄漏。

(2) 控制机油 活塞环是在高负荷下和高温气氛中沿缸壁来回滑动的。为了更好地发挥其功能，既要有少量的机油润滑汽缸和活塞，又必然适当地刮掉附着在缸壁上多余的机油，防止其上窜以保持机油消耗量适中。

四冲程发动机在进气行程中，燃烧室内的压力低于曲轴箱内的压力，由于这种压差起着一种泵油作用，所以机油通过活塞环、活塞和汽缸之间微小间隙而被吸入燃烧室，导致因窜机油而使机油消耗量大增。尤其在发动机怠速情况下，节气门基本处于关闭状态，汽缸内负压较大时，这种现象更趋严重。为了控制机油上窜，一般都将活塞上第二道气环外圆制成锥面。锥面环既能在活塞上行时的滑动面上布下油膜，又能在活塞环下行时有效的刮去缸壁下端多余机油，真可谓一举两得。为了更加有效地将飞溅至汽缸壁下部的机油刮净，又在活塞第二道气环的下部增加一道钢片组合式刮油环。这种环的特点仅在于其接触压力高，而且由于上下刮片能够分别动作，即使对于正圆𡒄较差的汽缸来说，也具有良好的适应性。更重要的是每个刮片不仅与汽缸之间的滑动成处保持密封，而且也在环槽的上下两端之间，保持对机油的气密作用，因此封油效果极佳。

二冲程发动机一般采用油雾润滑。机油与汽油及空气混合后的油雾，一部分润滑曲轴连杆承和汽缸活塞下部，另一部分在扫气过程中进入燃烧室的高温高压下总会有部分碳分子残留在活塞顶部和第一道气环的环槽内。为此，楔形环应运而生。它的效能在于楔形环作径向运动时，间隙变大，反之，在向内运动时，间隙变小。因此残留在环槽中的油泥被磨碎，并随机油和废气一起排出，这样就起到了自动清除积碳的作用。楔形环一般安装在第一道气环，也有少部分发动机由于机油流量较大，为增强清除积碳的功能，故两道气环均安装楔形环。

(3) 传热作用　内燃机活塞是在每次爆发的高温高压气体的作用下工作的。因此，如果不及时地将活塞顶部的热量散发出去并冷却之，那么活塞上部就会严重过热。其结果是，由于活塞不正常膨胀而刮伤，同时由于硬度降低而使活塞早期磨损，由于机油变质而引起粘环，由于活塞顶和活塞销座处强度降低而损坏等等。这些都对发动机的正常工作带来致命的危险。由此可见，活塞环的作用包含了将燃烧气体造成的活塞高温传给缸体，即对活塞起到冷却作用。据有关资料介绍，活塞顶部大气层受热量中有70%～80%是通过活塞传给缸壁而散掉的。

(4) 支承作用　活塞因受气体压力而作往复运动，这种往复运动通过曲轴变为旋转运动，所以活塞环承受着侧推分力。因此，活塞环填补了活塞与汽缸之间的间隙，并经常与缸壁接触而作滑动运动。它不仅防止了窜气，控制机油，而且还防止活塞与缸壁的强烈接触。亦高压气体达到环的背隙中，其压力把活塞环外圆压向汽缸内壁，使活塞保持浮动状态。可以认为，这时活塞环与环槽必须留有合适的侧隙和背隙。一般情况下，背隙的作用有两个：第一在于防止因活塞环和活塞的膨胀而使环黏着在不槽中；第二在于提高活塞环滑动面的接触压力。起到了防止活塞与缸壁强烈接触的作用。

7.3.2　活塞环的磨损

活塞环的主要失效形式有磨损和折断。活塞环与缸套是典型的“往复式运动”摩擦形式，而影响缸套-活塞环磨损的因素很多，包括：摩擦副材料（硬度、弹性模量、屈服极限等）、表面形态（表面形貌参数、表面涂层等）、运转工况（速度、载荷）、润滑条件和工作环境等。在磨损机理问题上，经过大量的实践、理论分析后，目前已普遍认为缸套-活塞环的主要磨损形式有：磨粒磨损、黏着磨损、腐蚀磨损以及微动磨损。

磨粒磨损可以认为是发动机活塞环和气缸体的主要磨损特征。在磨合磨损阶段，若摩擦条件较好时，熔着磨损仅发生在很小的范围内。如果条件恶劣则在较大范围内发生，摩擦表面出现严重犁沟、围观切削及剥落现象。转移了的材料在继续摩擦过程中，如果遇到硬的微凸起或硬质点就会脱落下来形成颗粒状的磨屑，这些磨屑一般都在摩擦过程中被加工硬化或形成硬度更高的物质，组成新的磨料，而加速活塞环和汽缸体的磨损。另外，腐蚀磨损的腐蚀生成物也会导致磨粒磨损。

活塞环和汽缸体表面的疲劳剥落也是造成磨损的主要原因之一。活塞环在本身弹力及燃气压力的作用下，对汽缸壁施加一定量的压力，活塞环反复地掠过汽缸壁表面时，使汽缸壁表面层金属产生疲劳损坏而造成磨损。

Michail，Srivastava等的研究发现，珩磨过程所产生的网状栅格对缸套摩擦磨损、耗油量有重要影响。汽缸体（套）在珩磨加工中，由于选用的切削量和冷却液不当，使加工后的气缸表面产生微小的撕裂裂纹。在发动机工作时的反复压力作用下，裂纹部分产生应力集中，很快产生金属碎片从表面上剥落下来，形成磨屑。

磨料磨损除上述所产生的磨屑外，绝大部分来自空气中的灰尘、燃烧产生的硬质物质和金属表面脱落的硬质点等。这些硬质物质在摩擦过程中，对相磨材料又产生犁沟引起材料的脱落，同属磨料磨损。空气滤清器失效，过滤效果变差。空气中的尘埃、砂子等杂质吸入汽缸内，形成磨料磨损。试验表明，假如每天吸进几克灰尘，汽缸套的磨损量将增大10倍以上。

黏着磨损是由于两摩擦物体在法向力合切向力的联合作用下，产生金属与金属的直接接触和塑性变形，从而经历黏着（冷焊）、剪切撕脱和再黏着的循环过程。具体对于活塞环与缸套之间的摩擦副而言，就是由于油膜中断产生干摩擦，炽热的摩擦热引起显微熔化黏着，并与其周围质点扯断。在轻微情况下，很难与磨料磨损区别，只是磨损量多一点而已。再严重一点，由于熔着磨损常常露出新的金属表面，因此，磨损面特别光亮，也比较平滑；在磨损大的情况下，滑动表面可以看到伤痕，开始是几条细纹，以后伤痕沟纹越多越大，最后摩擦面熔粘成粗糙表面，发动机停止工作。在活塞环上下端面也常常出现熔着磨损的情况，但它与前述情况略有不同，它总是伴随着氧化膜脱落的磨料磨损，因此，其明显的特征是在活塞环上下端面并列有规则的伤痕。在无润滑油时，活塞环与缸套主要是黏着磨损。

产生熔着磨损的原因是比较复杂的，最根本的一点是油膜中断。而油膜中断的原因不外乎两个方面：一是供油状况不良，难于形成油膜；一是窜气或过大的接触应力等破坏了油膜。

腐蚀磨损是由于相互摩擦金属的离子化程度不同形成电位差，在两者金属之间产生电池作用导致电解腐蚀磨损；燃油和润滑油燃烧产生的有害气体（SO_2、CO_2 等），与水作用生成酸性的亚硫酸和碳酸等腐蚀活塞环金属表面，导致化学腐蚀磨损。其中，第一道压缩环及对应缸壁处含酸量最大，腐蚀磨损的结果同样产生磨料。

活塞环存在一种理想磨损规律，首先是刚开始同气缸壁装配磨合时期，进行快速的磨合阶段完成，体现在发动机上就是润滑油消耗量趋向正常，窜气量趋向稳定和不发生拉伤和拉缸，之后在进入稳定磨合阶段应对活塞环的结构及形状进行相应的设计，例如采用桶面环结构设计，可以保证在稳定磨合阶段，活塞环能够获得较好的油膜而不至于产生微动摩擦，并由此引发一系列的黏着磨损和腐蚀磨损，并且尽量通过对材料的研究及配对副的材料相关上进行分析，延长稳定磨损阶段，然而最终不可避免会进入急剧磨损阶段。在该阶段活塞环的磨损失效形式最好表现为正常的疲劳磨损。及材料在超过其弹性极限的周期性应力作用下的破坏现象，称为低循环疲劳。

7.3.3 活塞环的异常磨损及减磨措施

（1）活塞环异常磨损　活塞环随活塞在气缸内作往复运动，使活塞环外圆工作表面磨损，环的径向厚度减小，活塞环的工作开口即搭口间隙增大；活塞环在环槽内运动，使环的上、下端面磨损、环的轴向高度减小，环与环槽的间隙即平面间隙增大。在正常情况下，若活塞环得到良好的润滑，则它的磨损速度通常不超过0.3～0.5mm/(K・h)，活塞环的厚度也基本上均匀，活塞环沿圆周方向各处腐损均匀，并仍与缸壁完全贴合，所以，正常磨损的活塞环仍具有密封作用，这样的磨损是正常磨损。但实际上，活塞环外圆工作表面多为不均匀磨损往往开口的对侧磨损更严重，或者磨损速度很快，这样的磨损称异常磨损。第一道活塞环的工作条件尤为恶劣，高温燃气使缸壁温度过高、滑油氧化、润滑条件变坏导致其异常磨损；高温使活塞头和环槽过热变形破坏环与环槽配合也会发生异常磨损。

（2）活塞环异常磨损的特点及原因

① 疲劳损伤 活塞环上下工作面有严重的划痕且磨损严重，活塞环色泽暗淡；第一道活塞环与汽缸接触面处磨损严重，多数汽缸活塞环的外圆工作面沿气缸轴线方向有细小的划痕，气环背面、油环槽回油孔周围有大量的油泥和漆膜。引起活塞环疲劳性损伤的直接原因是发动机磨合期的运转模式及维护保养不当所至。其主要影响因素有磨合运转期内柴油机在较长时间在高速大负荷状态下工作，空气滤清器至进气管间连接软管短路，使灰尘进入汽缸。加注的润滑油型号不符合规定要求，且污染严重，喷油器喷油质量差或选用的燃油质量差，柴油机长期在低温状态下工作，供油提前角失准等。

② 偏向磨损 活塞环上下端面与环槽的磨损较小，单侧或在圆周面上磨损不均匀；活塞环外圆工作面上有因黏着磨损而产生的纵向划痕；活塞环与活塞顶部有窜气的痕迹。造成活塞环偏向磨损的直接原因是由于活塞在汽缸中的位置不正所致。其主要影响因素有：新机或大修后的柴油机磨合运转不足；汽缸套热变形以及汽缸套装入缸体后位置不正；连杆弯曲或扭曲；曲轴轴向间隙过大等。

③ 工作面擦伤 活塞环单侧或圆周工作面上有纵向沟槽；接触面出现金属剥离或大面积划伤；工作面擦伤与粘环现象往往同时出现。造成活塞环擦伤的直接原因是由于活塞环与汽缸间的润滑油膜破坏所致。其主要影响因素有：活塞与汽缸配合间隙过小；装配活塞环方法不当或装配时随意压缩或伸张环口而引起变形等。

④ 设计、材质、热处理等因素影响 若柴油机磨合不良，运行中超负荷、润滑不好、滑油品质不合要求、燃烧不良、冷却不佳、摩擦表面有硬质颗粒等，都会使活塞环产生异常磨损。图7-10为活塞环磨损外观的示意图，图中说明了活塞环正常磨损和异常磨损外观状态的区别。其中图（a）为正常磨损，活塞环外表面光滑无毛刺，较清洁，无硬化层，外滑动面的外形呈鼓形。图（b）为被硬质颗粒划伤，在活塞环外表面有较均匀的划痕，无光泽，表面无硬化层。图（c）为由于缺油，异常磨损（微咬）仍在继续，环的外表面平直（不呈鼓形），棱边锐利且有毛刺，表面有不规则的斑点，表面有硬化层。图（d）为状态正在变好的旧过度磨损，弧形的棱边已经出现，沿棱边已经出现了平滑且较软的带状区，但中心环带尚有磨痕和硬化层。若继续加强润滑，运转一个阶段就会变为正常磨损状态。

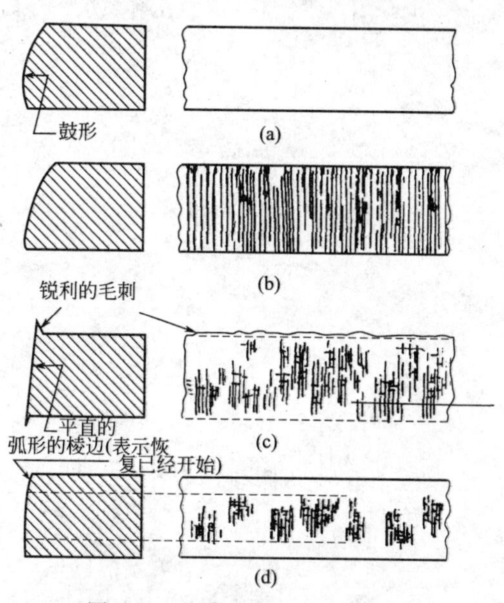

图7-10 活塞环磨损外观的示意

（3）减磨措施

① 材料方面 活塞环材料常用显微镜组织细密的珠光体基体，在它上面均匀分布片状或微细粒状和球状石墨的灰铸铁或合金铸铁，也有用球墨铸铁的。其硬度应比汽缸套硬一些。为改善初期磨合性能，可对其工作表面进行渗硫、镀铜等表面处理。为提高气环的使用寿命，可对其工作表面进行多孔性镀铬、氮化（以提高耐磨性）、喷钼（以防黏着磨损）等表面处理。

② 对此柴油机在更换新环后要进行良好的磨合后才投入使用工况并且注意柴油机运转

的负荷，尽量避免长时间超负荷运转。

③ 保证润滑油品质和充分供油

a. 正确选用滑油，根据要求合理地选用润滑油，并把质量合格的润滑油输送到各需润滑的部件，保证其正常运转。

b. 确保滑油的工作压力，滑油的工作压力应按说明书规定进行调节。一般应保持在0.15～0.4MPa。滑油的压力应高于海水和淡水压力，以防止泄漏时冷却液漏入滑油中。滑油的压力可由滑油泵的旁通阀来调节。

c. 确保滑油的工作温度，滑油温度过低，黏度增大，摩擦阻力损失增大，同时滑油泵耗功增加；滑油温度过高，黏度降低，润滑性能变差，零部件磨损增大，同时滑油易氧化变质。

d. 保持正常的工作油位，经常检查循环柜油位，保持正常油位。油位过低，滑油温度将会升高，容易使滑油在曲轴箱中挥发。

e. 定期化验滑油品质。

第8章 抗磨性设计

磨损是机械零件失效的主要3种形式（磨损、腐蚀、断裂）之一，统计资料显示，全球消费能源的30%～40%损失在摩擦磨损上，提高材料耐磨性能是有效解决问题的途径之一，目前提高材料耐磨性的方法主要有材料表面制备涂层、添加润滑剂以及采用置换和转移原理。实际生产中，材料的磨损除了黏着磨损、磨粒磨损、疲劳磨损、腐蚀磨损、微动磨损外还存在冲蚀磨损和气蚀磨损。

冲蚀磨损是由夹带硬质颗粒的流体以一定速度冲击切削刮擦机件表面引起的磨损。如各种沙泵、渣浆泵、水轮机、管道输送构件等。

气蚀磨损是由于流体在与零件作相对高速运动时产生气泡，气泡在破灭瞬间产生极大的冲击力，这种现象反复作用，使机件表面产生疲劳破坏出现麻点，并扩展为泡沫状空穴。如水轮机、水泵机件等。

8.1 防护层

8.1.1 耐磨涂层

按照材质耐磨涂层分为金属涂层、陶瓷涂层、金属陶瓷涂层、非晶态涂层。

金属涂层是研究和应用较早的耐磨涂层，具有与基体的结合强度较高，耐磨、抗腐蚀性能较好等优点，用于修复磨损件及机械加工超差件。常用的有金属（Mo、Ni)、碳钢和低合金钢、不锈钢和Ni-Cr合金系列涂层。一般采用火焰喷涂、电弧喷涂、等离子喷涂、HVOF及爆炸喷涂工艺。

陶瓷涂层具有高熔点、高硬度和良好的耐磨性、耐腐蚀性以及高温稳定性等特点。但喷涂陶瓷涂层工艺复杂，成本较高，而且涂层表面容易出现裂纹，抗热疲劳性能不如金属涂层，而且涂层的韧性较差，不能用于承受较大的冲击载荷。目前常用的陶瓷涂层有Al_2O_3、TiO_2、Cr_2O_3、ZrO_2、WC、TiC、Cr_3C_2、TiB_2等，一般采用等离子喷涂、火焰喷涂、HVOF和爆炸喷涂技术制备。

金属与陶瓷材料各有其独特的优异性能和明显的性能弱点，如何把金属与陶瓷材料各自的优势性能结合起来，一直是材料科学与工程界研究的方向。金属陶瓷复合涂层技术，即在塑性的基体上均匀地分布着颗粒形状、尺寸大小适当的陶瓷相，成功地实现金属和陶瓷的优势结合，制备既有金属强度和韧性，又有陶瓷耐高温、耐磨损、耐腐蚀等优点的复合材料，大大拓宽了金属材料和陶瓷材料各自的应用范围，在航空、航天、化工、机械、电力等工业领域得到成功应用。在工业上应用最广的金属陶瓷涂层主要有：Cr_3C_2-NiCr、WC-Co。大多采用HVOF、等离子及爆炸喷涂工艺。Cr_3C_2-NiCr金属陶瓷涂层由难熔碳化铬硬质相与韧性良好的镍铬合金相组成，具有较高的高温硬度、优异的高温耐磨性、耐蚀性、抗氧化性及较高的结合强度，广泛应用于高温（530～900℃）磨粒磨损、腐蚀磨损和冲蚀磨损工况下工作的零件，如连续退火线的炉辊、轧钢厂连续生产线上的芯辊、汽缸活塞环、缸衬等；

TiB_2 基金属陶瓷涂层具有高熔点、高硬度、良好的电和磁性能以及高抗腐蚀性，是一种潜在的替代 Cr_3C_2 用于高温、耐磨的金属陶瓷；WC 基金属陶瓷涂层常用于 450℃以下的磨粒磨损和冲蚀磨损工况。涂层硬度高，抗黏着能力强，磨损轻微。稳定阶段以疲劳脱层和脆性开裂剥落为主，涂层脆性大，喷涂粒子间结合强度低，容易磨损。

非晶态是一种长程无序，短程有序的材料。非晶态材料的物理、化学性能常比相应的晶态材料更优异，具有高强度、高韧性、高硬度、高抗蚀性能、软磁特性等，是一类很有发展前途的新型金属材料。热喷涂非晶态合金涂层是近年来材料科学中广泛研究的一个新领域，热喷涂技术作为大面积非晶涂层制备方法之一已开始引起广泛关注，常用的方法有等离子喷涂、HVOF 和爆炸喷涂。

向兴华等采用等离子喷涂工艺制备 Fe 基非晶合金涂层（含 Si，B，Cr，Ni 等），涂层各区域的组织均匀一致，涂层致密度高，孔隙率低，氧化物含量较少，并具有很高的硬度，涂层与基材结合良好；Jin 等制备的 Fe-Cr-B 系合金涂层具有很好的抗磨损和防腐性能，涂层在滑动磨损过程中动态产生非晶态表面膜，使涂层的耐磨性显著提高，同时摩擦系数显著下降。

按照软硬度耐磨涂层分为硬耐磨涂层、软耐磨涂层和软硬复合涂层。

硬耐磨涂层又分为多元硬涂层、多层硬涂层和纳米复合超硬涂层。硬涂层材料中，工艺最成熟、应用最广泛的是 TiN。这是因为，容易沉积得到高硬度、耐磨损的立方 TiN 相，并且 TiN 涂层具有漂亮的金黄色。但是 TiN 涂层硬度（2000HV）不能适应当前切削加工的需要，同时 TiN 涂层的高温抗氧化性较差，在 550℃以上时就迅速氧化成金红石相的 TiO_2，造成涂层失效。另一种常用的硬涂层为 CrN，CrN 的硬度比 TiN 低，耐高温性和韧性比 TiN 好。专家学者还借鉴钢的合金化思路，在二元涂层中加入合金元素，形成多元涂层，如在二元 TiN 基础上研制出的一些多元涂层 TiCN、TiAlN、TiCrN、TiZrN 等均表现出良好的耐磨性能。

多层硬涂层包括单层厚度为微米级的多层涂层和单层厚度为纳米级的超点阵涂层。绝大多数多层涂层属于第一类，如 TiN/TiC、TiN/TiAlN、TiN/TiCN/TiC 等多层涂层，已成功地应用于硬质合金刀具上，使用寿命比单一 TiN 涂层刀具提高 1 倍以上。目前，研究较多的是纳米多层超点阵涂层，如 TiN/VN、TiN/NbN、TiN/CrN、TiAlN/CrN 等超点阵涂层。

纳米复合涂层是由纳米晶和非晶相组成的复合涂层。如 nc-TiN/a-Si_3N_4、nc-W_2N/a-Si_3N_4、nc-VN/a-Si_3N_4 等纳米复合涂层，其硬度高达 50GPa。纳米复合涂层具有高的硬度，良好的机械性能，有望替代现有的一些硬质涂层。

软涂层主要指的是 MoS_2 涂层。MoS_2 涂层在真空或惰性气体中摩擦系数低，耐磨寿命高，已被成功地应用于真空和太空环境中。近些年，MoS_2 涂层在大气和高湿度条件下的应用正在不断被重视，从环境和成本方面考虑，在切削加工、药品、食品、服装行业中，使用固体润滑涂层代替液体润滑剂具有很大的优势。例如，在切削加工中，切削液及其处理费用占加工费用的 16%，而切削工具的费用只占 4%；另外，切削液对环境的污染较为严重，甚至危害工人健康。采用固体润滑涂层刀具可以实现干切削或减少切削液的用量，从而降低加工费用，并改善环境。为了提高 MoS_2 涂层在大气中的摩擦性能，主要的方法是通过共沉积各种物质形成 MoS_2 基复合涂层，共沉积的物质有：Au、Pb、Ti、Cr、Zr、W、WSe_2 等，其中 WSe_2 的效果最好，其次为 Au、Ti、Cr。

多层结构涂层中金属单层和 MoS_x 单层的厚度一般分别为几纳米或几十纳米。多层结构 MoS_x/Au、MoS_x/Ni、MoS_x/Ti 和 MoS_x/Pb 复合涂层在潮湿空气中的摩擦性能和耐磨性都比纯 MoS_2 涂层好。

软硬复合涂层通常有两种方式，一是层状复合，即在硬涂层上再镀软涂层；二是混合复合，即硬质相和软质相均匀混合在一起。例如，在硬质涂层（TiN、TiCN、CrN）上沉积 MoS_2-Ti 涂层形成的复合涂层能大大提高加工工具的性能。其中 TiN-MoS_2 混合涂层的硬度可达到 20GPa，摩擦系数为 0.1，具有一定的应用潜力。

8.1.2　耐磨共渗层

为提高材料的耐磨性，有的时候也采用在材料表面渗硼、渗钛等办法。这里主要介绍低中碳钢表面固体单元渗硼和多元渗硼。

渗硼工艺自诞生至今已有 100 多年的历史，此间国内外的同行们创造发明了许多渗硼方法（如固体粉末渗硼、气体渗硼、膏剂渗硼、盐浴渗硼等）和工艺。固体渗硼包括粉末渗硼、粒状渗硼和膏剂渗硼。渗硼层的相组成为 FeB 和 Fe_2B，见表 8-1 所示，Fe_2B 和 FeB 都是金属间化合物，质硬而脆，表现在渗层上是高耐磨性、高硬度、红硬性、耐腐蚀性能和抗氧化性的优点，主要应用在要求提高耐磨性的工件：如齿轮、柱塞、活塞、煤水泵、深井泵、缸套、牙轮、石油钻头、拖拉机履带、推土机止推板、收割机刀片以及许多微粒磨损的装备。

表 8-1　Fe_2B 和 FeB 的物理性质

组织	硼含量 /%	密度 /(g/cm³)	线膨胀系数 /(×10⁻⁶/K)	晶格类型	硬度 (HV)	脆性
Fe_2B	8.83	7.32	7.9～9.2	正方晶系	1290～1680	小
FeB	16.23	7.15	23	斜方晶系	1890～2340	大

单元渗硼主要存在成本高、渗层较脆、渗层与基体结合不牢等不足，为克服单元渗硼的缺点，提高零件的使用寿命或提高工艺效率，往往进行多元渗硼，共渗元素选择电负性较铁小的过渡族元素和稀土元素，如铝、硅、铬、钛、锆、钨、钼、铜、磷、稀土、氮等。目前，主要有硼-铬层、硼-稀土层、硼-铬-稀土层、硼-钛层等。

利用 M-2000 磨损试验机对低温硼-铬-稀土共渗层（共渗工艺为 650℃、时间为 6h）和 45 钢淬火（850℃水淬、200℃回火）试样进行黏着磨损实验，实验数据如表 8-2 所示。磨损试验机下主轴转速为 200r/min，所加固定载荷为 1500N，采用油润滑的形式。在磨合阶段淬火试样的磨损量比低温共渗层的磨损量要小（图 8-1）。原因是共渗层的表面比次表面疏松，空洞多；在稳定磨损阶段由于共渗层的次表面比较致密，所以淬火试样的磨损量比低温共渗层的磨损量要大。这表明，低温共渗层的耐黏着磨损性优于 45 钢淬火试样。

淬火试样的摩擦系数比低温共渗层的摩擦系数要大，那么在相同条件下淬火试样相比低温共渗层的磨损失重要大（图 8-2）。这进一步验证了低温共渗层的耐磨性优于 45 钢淬火试样，耐磨性能够提高 1 倍左右。原因是铬及稀土元素固溶于 Fe_2B 相可占据有扩散而产生的空位，减少疏松；而稀土原子与晶界处杂质形成稳定的稀土化合物，净化了晶界，降低了渗硼层的脆性，抑制了裂纹的萌生及扩展。

磨损量的倒数可以用来表示材料的耐磨性，由表 8-2 可以分别计算出共渗试样和 45 钢淬火试样的磨损量。这样共渗试样的相对耐磨性为 1.41，这表明：共渗层的耐磨性约是 45 钢淬火试样的 1.41 倍。

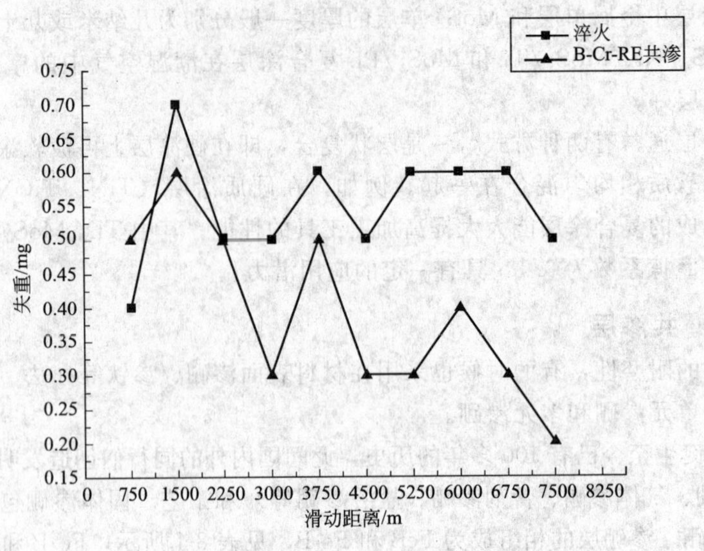

图 8-1 黏着磨损失重与滑动距离关系

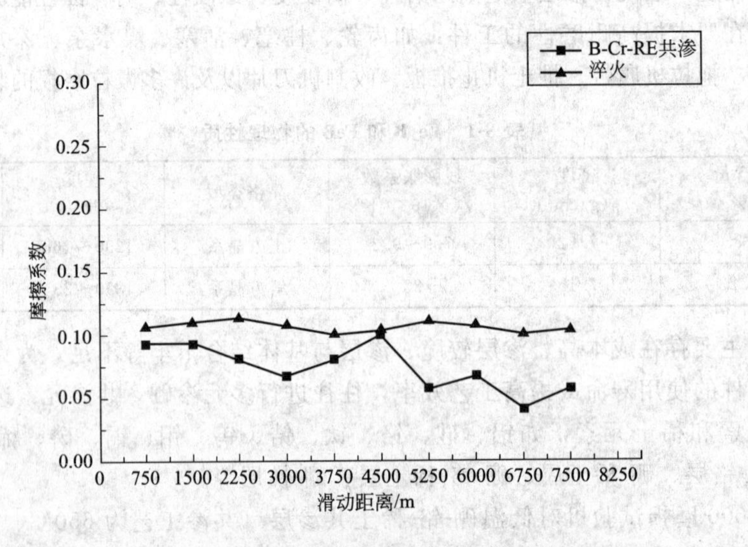

图 8-2 黏着磨损摩擦系数与滑动距离关系

表 8-2 黏着磨损实验数据

称量次数	共渗试样重量/mg	失重/mg	力矩/N·m	摩擦系数	淬火试样重量/mg	失重/mg	力矩/N·m	摩擦系数
1	4.0914	0	0	0	4.0750	0	0	0
2	4.0909	0.5	2.8	0.0933	4.0746	0.4	3.2	0.1067
3	4.0903	0.6	2.8	0.0933	4.0739	0.7	3.3	0.1100
4	4.0898	0.5	2.4	0.0800	4.0734	0.5	3.4	0.1133
5	4.0895	0.3	2.0	0.0667	4.0729	0.5	3.2	0.1067
6	4.0890	0.5	2.4	0.0800	4.0723	0.6	3.0	0.1000
7	4.0887	0.3	3.0	0.1000	4.0718	0.5	3.1	0.1033
8	4.0884	0.3	1.7	0.0567	4.0712	0.6	3.3	0.1100
9	4.0880	0.4	2.0	0.0667	4.0706	0.6	3.2	0.1067
10	4.0877	0.3	1.2	0.0400	4.0700	0.6	3.0	0.1000
11	4.0875	0.2	1.7	0.0567	4.0695	0.5	3.1	0.1033

利用 M-2000 磨损试验机对低温硼-铬-稀土共渗层（共渗工艺为 650℃、时间为 6h）和

45 钢淬火（850℃水淬、200℃回火）试样进行磨粒磨损实验，实验数据如表 8-3 所示。主轴转速为 200r/min，所加固定载荷为 300N，采用油润滑的形式。

初始磨损阶段共渗层和 45 钢淬火试样的磨损量都稍高，但共渗层比 45 钢淬火试样的磨损量要小（图 8-3），原因在于共渗层表面疏松的缘故，随后就是稳定磨损阶段，虽然磨损量都下降，但是低温共渗层总是比 45 钢淬火试样的磨损量要小。这表明，低温共渗层的耐磨粒磨损性优于 45 钢淬火试样。

由表 8-3 分别计算出共渗试样和 45 钢淬火试样的磨损量，共渗试样的相对耐磨性为 2.613。共渗层在保留了渗硼层高硬度的同时，可使共渗层的耐磨粒磨损性能比 45 钢淬火试样提高约为 2.613 倍。

表 8-3　磨粒磨损实验数据

称量次数	共渗试样重量/mg	失重/mg	淬火试样重量/mg	失重/mg
1	4.0433	0	4.0380	0
2	4.0422	1.1	4.0350	3.0
3	4.0412	1.0	4.0319	3.1
4	4.0400	1.2	4.0291	2.8
5	4.0389	1.1	4.0265	2.6

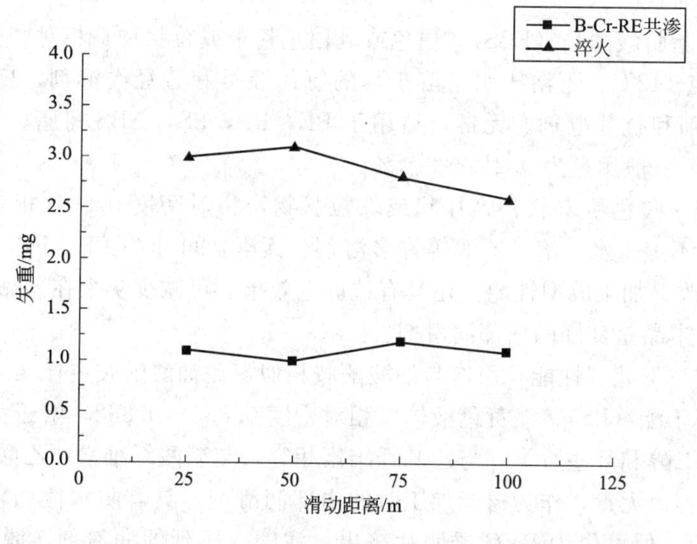

图 8-3　磨粒磨损磨损量与滑动距离关系

8.1.3　耐磨镀层

镀层金属或其他不溶性材料做阳极，待镀的工件做阴极，镀层金属的阳离子在待镀工件表面被还原形成镀层。电镀的目的是在基材上镀上金属镀层，改变基材表面性质或尺寸。电镀能增强金属的抗腐蚀性（镀层金属多采用耐腐蚀的金属）、增加硬度、防止磨耗、提高导电性、润滑性、耐热性和表面美观。目前，耐磨镀层主要由镀铬层、镀镍层、镀钼镍层等。还用一种能够提高材料耐磨性的方法，也就是磷化工艺。而磷化工艺的早期应用是防锈，钢铁件经磷化处理形成一层磷化膜，起到防锈作用。锰系磷化膜具有较高的硬度和热稳定性，能耐磨损，磷化膜具有较好的减摩润滑作用。因此，广泛应用于活塞环，轴承支座，压缩机等零部件。这类耐磨减摩磷化处理温度 70～100℃，处理时间 10～20min，磷化膜重大于 7.5g/m^2。

8.2 润滑剂

8.2.1 润滑剂分类

两个摩擦副之间添加润滑剂也是提高摩擦副材料耐磨性的重要方法之一。润滑剂是能够改善塑料加工性能的一种添加剂。按其作用机理可分为外润滑剂和内润滑剂两种。外润滑剂能在加工时增加塑料表面的润滑性，减少塑料与金属表面的黏附力，使其受到机械的剪切力降至最少，从而达到在不损害塑料性能的情况下最容易加工成型的目的。内润滑剂则可以减少聚合物的内摩擦，增加塑料的熔融速率和熔体变形性，降低熔体黏度及改善塑化性能。

润滑剂按化学结构可划分为脂肪酸酰胺类、烃类、脂肪酸类、酯类、醇类、金属皂类、复合润滑剂类。按用途类型可划分为内润滑剂（如高级脂肪醇、脂肪酸酯等）、外润滑剂（如高级脂肪酸、脂肪酰胺、石蜡等）和复合型润滑剂（如金属皂类硬脂酸钙、脂肪酸皂、脂肪酰胺等）。

（1）脂肪酸酰胺类润滑剂

① 硬脂酸酰胺　白色或淡黄褐色粉末，相对密度 0.96，相对分子质量 283，熔点 98～103℃，易溶于水、热乙醇、氯仿、乙醚。具有优良的脱膜性、透明性、分散性、光泽性，无毒，是 PVC，PS，UF 等树脂加工润滑剂，还可作为聚烯烃的爽滑剂和抗粘连剂。一般用量 0.1%～2.0%。

② 亚乙基双脂肪酸酰胺（EBS）　白色或乳白色粉末或粒状物，相对密度 0.98，相对分子质量 593，熔点 142℃，不溶于水，溶于热的氯代烃类和芳烃类溶剂。广泛用于爽滑剂、抗粘连剂、润滑剂和抗静电剂。无毒，适用于 PE，PP，PS，ABS 树脂、热固性塑料的内部和外部润滑剂。一般用量为 0.2%～2.0%。

③ 油酸酰胺　白色粉末状、碎片状或珠粒状物，相对密度 0.90，相对分子质量 281，熔点 68～79℃，不溶于水，溶于乙醇等许多溶剂。无毒，可作为 PE，PP，PA 等塑料的爽滑剂、防黏剂，改善加工成型性能，还具有抗静电效果，可减少灰尘在制品表面的附着，在 PVC 加工成型中本品是良好的内部润滑剂。

④ 芥酸酰胺　形状、性能及用途与油酸酰胺相似，比油酸酰胺更佳。

⑤ 硬脂酸正丁酯（BS）　淡黄色液体，相对密度 0.855～0.862，溶于大多数有机溶剂，微溶于甘油、乙二醇和某些胺类，与乙基纤维素相容，与硝酸纤维素、乙酸丁酸纤维素、氯化橡胶等部分相容。无毒，作为树脂加工时的内部润滑剂，具有防水性和较好的热稳定性。虽与 PVC 不相容，但可作为 PVC 透明片挤出、注塑、压延的润滑剂、脱膜剂。一般用量 0.5%～1.0%。

⑥ 甘油三羟硬脂酸酯　粉末状物，熔点 85～87℃，无毒，具有优良的耐热性和流动性。可作为 PVC、ABS、MBS 的润滑剂、爽滑剂和合成橡胶的脱膜剂。一般用量为 0.25%～1.5%。

（2）烃类润滑剂

① 微晶石蜡　白色或微黄色鳞片状或粒状物，固体相对密度 0.89～0.94，液体相对密度 0.78～0.81，熔点 70～90℃，溶于非极性溶剂，不溶于极性溶剂。热稳定性、润滑性优于石蜡，但会降低凝胶化速度，故用量不宜过大。无毒，常与硬脂酸丁酯或高级脂肪酸并用，用于塑料润滑剂。一般用量 0.1%～0.2%。

② 液体石蜡　无色透明液体，相对密度 0.89，凝固点－35～－15℃，溶于苯、乙醚、二硫化碳，微溶于醇类，热稳定和润滑性均良好，用于 PVC，PS 等树脂加工时内润滑剂。

添加量一般为0.3%～0.5%，过多时，反而使加工性能变坏。

③ 固体石蜡　白色固体，相对密度0.9，熔点57～60℃，不溶于水，溶于汽油、氯仿、二硫化碳、二甲苯、乙醚等有机溶剂，微溶于醇类。可改善制品表面光泽，为非极性直链烃，不能润湿金属表面，也就是不能阻止PVC黏金属壁，只有与硬脂酸钙并用时，才能发挥协同效应，但其相容性、分散性和热稳定性均比较差。无毒，用于PVC、PE、PP、PS、ABS、PBT、PET及纤维素等塑料。

④ 氯化石蜡　石蜡经氯化而制得。无臭透明液体，含氯量有42%、52%、70%等多种，与PVC相容性好，还起增塑剂、阻燃剂的作用，与其他增塑剂并用效果较好。一般用量0.3%。

⑤ 聚乙烯蜡　又称低分子量聚乙烯，白色粉末或片状物，为乙烯的低度聚合产品。相对密度为0.9～0.93，相对分子质量1000～5000，软化点100～115℃，具有良好的中期及后期润滑性，能起防黏剂作用，在色母粒加工中作颜料分散剂，在PVC-U中作润滑剂，在PVC、PE、PP、ABS、PET、PBT塑料成型中作润滑剂和脱模剂。一般用量0.1%～0.5%。

⑥ 氧化聚乙烯蜡　白色粉末或珠粒状固体，为含羧酸的低分子量聚乙烯，并含有醇、酮及酯类化合物，由于氧化使烷烃链上生成一定数量的羧基和烃基（均为极性基团），故提高了它在PVC的相容性，使其同时兼有良好的内、外润滑性能，并赋予制品良好的透明性和光泽性，与高级脂肪或脂肪酸进行部分酯化，或用氢氧化钙进行部分皂化，得到的衍生物均具优异的内、外润滑性能。主要应用于PVC、PE、PP、ABS、PBT、PET等树脂的优秀润滑剂。用量0.1%～1.0%。

(3) 复合润滑剂　复合润滑剂是具有良好的内、外润滑剂的功效。常用的复合润滑剂有：石蜡类、金属皂与石蜡复合、脂肪酰胺与其他润滑剂复合物、稳定剂与润滑剂的复合体系。

(4) 硅氧烷润滑剂　硅氧烷系作为脱模剂、防粘连剂和润滑剂广泛应用于酚醛、环氧、聚酯等塑料的加工主成型上。常用的品种有聚硅氧烷、合成蜡、硅油、二氧化硅和硅藻土等。

① 甲基硅油　即聚二甲基硅氧烷，无色、无味、透明、黏稠液体，相对分子质量为5000～10000，溶于乙醚、苯、甲苯，部分溶于丙酮、乙醇、丁醇，不溶于甲醇、环己醇、石蜡油、植物油。可在-50～200℃范围内使用。具有优良的耐高、低温性能、透光性、电性能、憎水性和化学稳定性。

② 苯甲基硅油　即聚甲基苯基硅氧烷，性能同甲基硅油。

③ 乙基硅油　即聚二乙基硅氧烷，无色或浅黄色透明液体，平均相对分子质量为300～10000，溶于乙醚、氯仿、甲苯。可与石油产品任意混合，使用温度-70～150℃，具有优良的润滑性和电绝缘性、耐化学腐蚀性能。可以作为脱模剂和润滑剂应用于塑料、橡胶加工润滑剂。

8.2.2　润滑剂鉴别

润滑剂的鉴别分为润滑油的鉴别和润滑脂的鉴别。

(1) 润滑油的鉴别

① 黏度的检验　通常是把设备已经使用的润滑油和设备需要使用的标准黏度的润滑油，利用对比的方法进行检验，以判定是否需要换油。

a. 在一块干净的玻璃片上，分别滴上一滴待检润滑油和标准润滑油。滴油时，要将玻璃片放平。滴好油后，再将玻璃片倾斜，注意比较两种油滴下来的速度和流的距离，流速大、流的距离较远，则相对黏度较小，流速和距离相近则黏度等级相近。

b. 使用两个直径和长度相同的玻璃试管，一个装入待检润滑油，另外一个装满标准润滑油。要求两个试管内油装成同样高度，且不能装满，留出一个气泡。然后用木塞堵住试管口，将两个试管连接在一起，同时迅速倒置 180°，观察试管内气泡上升的速度。上升速度快的则其黏度较小。

② 水分的检验

a. 把待检油放入干燥的试管内，然后在试管底部加热至 100～120℃，边加热边观察。如果有水分存于油液之中，就会发生声响，产生泡沫，或在管壁上出现凝结的水珠，以及油液变成浑浊状态。

b. 把待检油放入试管内，然后加入少量的白色粉末状的无水结晶硫酸铜。如果油液中有水，立即会变成蓝色，并沉淀在试管底部。

c. 用干净、干燥的棉纱浸沾待检油后用火点燃。如果油中有水，就会发生爆炸声或闪光现象。

③ 机械杂质的检验

a. 黏度小的油可直接注入试管，稍加温后静止观察。如果看到有沉淀或者悬浮物，说明有机械杂质。

b. 黏度较大的油可用于干净的汽油稀释 5～10 倍，按上述方法进行观察。也可稀释后用滤纸进行过滤，若有机械杂质，就会留在滤纸上。

c. 是否发生氧化变质的鉴别：润滑油经过长期使用，受到空气和其他介质的影响，会逐步发生氧化，出现变质现象，产生许多沥青质和胶质沉淀。当氧化变质到一定的程度时，润滑油就不能使用，需要更换新油。判断润滑油是否发生了严重的氧化变质情况，可以取油箱底部的沉淀油泥，放在食指和拇指之间相互摩擦，如果感觉到胶质多，黏附性强，则说明被检润滑油发生了严重的氧化变质现象。如果只是油泥多，却黏附性弱时，则说明油不干净。判断时还应了解前次换油是否彻底清洗油箱，近期内设备是否发生爬行现象，手动操作是否有沉重现象等情况。通过综合分析就可以比较准确地判断清楚被检油是否发生了严重的氧化变质。

（2）润滑脂的简易鉴别　设备维护保养过程中，对润滑脂的质量鉴别，主要是看无性质变化，是否混有杂质。

① 润滑脂纤维网络结构是否发生破坏的鉴别　润滑脂纤维网络结构如果发生破坏现象就会失去附着性，使润滑性能降低。鉴别时，可以将润滑脂涂在一块干净的铜片上，然后放入水的大口容器中进行转动。经过多次转动，如果水面上出现油珠，则说明被检脂的纤维网络结构已有所破坏。显然这种方法只适于对耐水的润滑脂进行鉴别。

② 抗水性能鉴别　用脂时，如果不清楚抗水性能如何，可用手指取少量脂，滴上一点水，稍加捻压，如果被检脂迅速发生乳化现象，现可判断为是钠基润滑脂。如果没有发生乳化现象，现可判断为是钙基润滑脂或者是锂基润滑脂，或者是钡基润滑脂。如果缓慢而不完全，则可判断为钙钠基润滑脂。

③ 有无杂质的鉴别

a. 用手指取少量脂进行捻压，通过感觉就判断被检脂中是否混有硬颗粒。

b. 将润滑脂均匀涂在干净的玻璃片上，涂层厚度刮薄在0.5mm左右，放在光亮处进行观察，判断被检脂中是否混有颗粒杂质。

c. 取少量脂放入试管中，加入汽油进行溶解，观察有无沉淀物产生。

d. 是否发生氧化变质的鉴别：发生氧化变质的润滑脂，从外观上就可看得很清楚。这时，脂的颜色变黑或者加深，并且表面会形成较硬的胶膜。

8.2.3 润滑剂的合理选择

润滑剂的合理选择包括润滑油的合理选择、润滑脂的合理选择以及固体润滑剂的合理选择。

润滑油的合理选用是决定运动副润滑性能或零件抗磨性能的重要因素，它建立在对机械零件的使用条件和润滑油的主要特性综合分析的基础上。

润滑油由基础油和添加剂按照一定比例配制而成，表8-4为各种常用润滑油的润滑基础油的特性。

表8-4 常用润滑油基础油的主要特性

基础油 特性	二元酸脂油	新戊基多元醇酯	典型磷酸酯	典型聚甲基硅油	典型苯基甲基硅油	氯化苯基甲基硅油	聚乙二醇	聚苯醚	矿物油
无氧最高温度/℃	250	300	120	220	320	305	200	450	200
有氧最高温度/℃	210	240	120	180	250	230	200	320	150
最低温度/℃	−35	−65	−55	−50	−30	−65	−20	0	−50～0
密度/(g/cm³)	091	1.01	1.12	0.97	1.06	1.04	1.02	1.19	0.88
黏度指数	145	140	0	200	175	195	160	−60	0～140
闪点/℃	230	250	200	310	290	270	180	275	150～200
自然发火点	低	中	很高	高	高	很高	中	高	低
边界润滑性	好	好	很好	尚好	尚好	好	很好	尚好	好
毒性	微	微	有一些	无	无	无	低	低	微
相对价格	5	10	10	25	50	60	5	250	1

下面介绍机械油的一般用途、典型部件用油润滑的特点以及润滑油的用量。

（1）机械油的一般用途

① L-AN5、L-AN7、L-AN10黏度等级的机械油属于轻质润滑油，主要应用于高速轻负荷机械摩擦件的润滑。例如L-AN5黏度等级的机械油可用于转速达12000r/min以上的高速轻负荷机械设备的轴承、主轴处。L-AN7黏度等级的机械油可用于转速达到8000～12000r/min的高速轻负荷机械设备的轴承、主轴处。L-AN10黏度等级的机械油可用于转速在5000～8000r/min范围之内的高速轻负荷机械设备的轴承、主轴处。L-AN5、L-AN7、L-AN10黏度等级的机械油还可作为调配其他油品的基础油。

② L-AN15黏度等级的机械油，主要适用于转速在1500～5000r/min范围之内，较轻负荷机械设备的轴承及主轴处的润滑。可作为系统压力较低的，中小型普通机械设备的液压系统用油。

③ L-AN22 黏度等级的机械油，主要适用于转速1200～1500r/min 范围之内，较轻负荷机械设备的轴承及主轴的润滑。可作为系统压力较低的普通机械设备的液压系统用油。

④ L-AN32 黏度等级的机械油，主要适用于转速1000～1200r/min 范围之内，轻中负荷机械设备的轴承、主轴、齿轮的润滑。可作为的普通机械设备的液压系统用油。例如，可作为小型车床、立钻、台钻、风动工具的齿轮箱及小型磨床、液压牛头刨床的液压用油。

⑤ L-AN46 黏度等级的机械油，主要适用于转速1000r/min 以下，中等速度、中等负荷机械设备的轴承、主轴、齿轮以及其他摩擦件的润滑。其应用非常广泛。例如，可作为C620 卧式车床、X62W 万能铣床、Z35 摇臂钻床等机械设备的各齿轮箱以及各油孔注油处，都式使用的是 L-AN46 黏度等级的机械油。

⑥ L-AN68 黏度等级的机械油，主要适用于转速较低，负荷较重的机械设备润滑。例如，立式车床、大型铣床、龙门刨床的传动装置的润滑以及小型吨位的锻压设备、桥式吊车减速器、木工机械设备的润滑都应使用 L-AN68 黏度等级的机械油。

⑦ L-AN100、L-AN150 黏度等级的机械油，主要适用于速度低，负荷重的重型设备的传动部位及注油容易流失的摩擦件上的润滑。

(2) 典型部件用油润滑的特点

① 在滚动轴承之间，既有滚动体在滚道内滚动摩擦，也有滚动体和滚道之间、滚动体和保持架之间、保持架与内外圈之间的滑动摩擦。如果轴承润滑不良，在高速旋转的情况下，就会使轴承出现磨损、升温、烧伤，直至全部损坏等情况。如果用油选择不当，黏度选择过小，在轴承滚动体承受的单位面积压力很大的时候，就容易造成润滑油膜断裂，产生磨损加剧的现象。润滑油黏度选择过大，轻则会增大轴承的摩擦阻力，使油温升高；重则会影响油向摩擦表面之间的流动，难以形成油膜，反而对轴承有害。因此滚动轴承对润滑油的主要要求是必须具有足够的黏度和较好的稳定性。

② 对于使用机械油的滚珠及圆柱滚子轴承，在中低速及常温条件下，一般选用 L-AN22、L-AN32、L-AN46 黏度等级的油。转速高、内径大的可以选用黏度略低一点的油。转速低、内径小的轴承可以选用黏度略高一点的油。

③ 对于圆锥滚子轴承、调心滚子轴承和推力调心滚子轴承，由于同时受到径向和轴向载荷，所以在同一温度条件下，这类轴承比滚珠和圆柱滚子轴承需要用较高黏度的油。在常温、常速的条件下，圆锥滚子轴承和调心滚子轴承用油黏度最低极限为 L-AN32 黏度等级机械油；推力调心轴承用黏度等级最低极限为 L-AN46 黏度等级机械油。

④ 滚针轴承由于具有较大的滑动摩擦，更需要有效地润滑，所以用油黏度等级与同规格、同速度的滚珠轴承相比较，通常应适当低一点。

⑤ 齿轮传动的润滑，主要应考虑轮齿间的正确润滑。至于齿轮箱钟的其他件，如轴承等，一般都是和齿轮用同一种油进行润滑。对于普通机械设备上的闭式齿轮，常用 L-AN46 黏度等级的机械油进行润滑；在冲击负荷齿轮上，要用铅皂或者含硫添加剂的齿轮油。蜗轮传动装置要用含有动物油油性添加剂的齿轮油。开式齿轮要用易于黏附的高黏度含胶质沥青的齿轮油。

要使润滑油达到优良的润滑性能，润滑油还要求具备其他性能，例如冷却性能、密封性能、防蚀性能、排屑性能、防火安全性以及环境的相容性等。表 8-5 概括了综合考虑工作要求和润滑油性能选择润滑油的一般原则。

表 8-5　润滑油选取基本原则

工作条件	润滑油特性
重载	选用黏度较高的油
高速	润滑油的动压效应强,但发热量高,选用黏度较低的油,并采用循环供油系统
变速、变载、变向	润滑油的黏度增高25%左右
精密机床和液压系统	黏度较低,可避免发热
温度升高较大	选用黏度高、抗氧化性能好的矿物油或合成油
温度变化大	选用黏度高的油
低温	润滑油凝点应低于最低工作温度50℃
磨损严重	应增加润滑油的黏度,并加入抗磨或油性添加剂
磨屑多	应增加润滑油用量并在循环系统中设置过滤装置,必要时还应使用清净添加剂或分散添加剂
使用寿命长	黏度较高、抗氧化性能较好的润滑油
配合间隙大或表面较粗糙	黏度较高的润滑油
有燃烧危险处	使用防火性能好的合成润滑剂或采用水基润滑,或加入抗磨或极压添加剂改善其润滑性

当然，选用润滑油时还有其他一些注意事项，主要包括：易氧化润滑油和循环的润滑系统中，不宜掺入动物油或植物油；潮湿处不宜选用汽油机油和柴油机油；变压器油不可用作润滑基础油；高温机械（如内燃机）不宜选用汽轮机油和液压油；低温工作条件或者要求润滑油黏度较低时，可在润滑基础油中掺入煤油混合使用，但是煤油体积比不能超过50%；精密机械润滑油不能选用煤油。

(3) 润滑油用量　关于润滑油用量，若用油箱润滑，对于转速在1500r/min以下的轴承，允许油位高达下面的一个滚动体的中心线。对于转速在1500～3000r/min的轴承，油位要明显低于最下面一个滚动体中心线，但要接触到滚动体才行。若进行滴油润滑，在一般情况下，最低不能少于每分钟3～4滴。

(4) 常用润滑脂的特点

① 钙基润滑脂是以动植物脂肪钙皂稠化矿物油，以水作稳定剂而制得的润滑脂。主要特点是耐水性强。耐温性较差。在高温和低温下都会使其润滑性能丧失。使用温度范围在－10～60℃，潮湿或者有水的环境，转速在1500r/min以下的，中等负荷的机械设备上。按工作锥入度的大小，共分为1号、2号、3号、4号四个品种。

② 复合钙基润滑脂是以乙酸钙复合的脂肪酸钙皂稠化矿物油而制成的润滑脂。这种脂具有较好的机械安定性和胶体安定性，适用于较高温度及潮湿条件下工作的机械设备摩擦件的润滑。例如，在水泵、农机、汽车、锻压设备上应用较广泛。按工作锥入度也可以分为4个品种。1号脂可在150℃条件下工作，2号脂可在170℃条件下工作，3号脂可在190℃条件下工作，4号脂可在210℃条件下工作。

③ 钠基润滑脂是以动植物脂肪钠皂稠化矿物油而制得的润滑脂。主要特点是耐较高的温度，机械安定性好，但是不耐水，遇水就乳化，胶体安定性差。这种脂广泛使用在高中负荷、低中转速、较高的温度，环境干燥的机械设备上。按工作锥入度的大小钠基润滑脂共分为2号、3号、4号这3个品种。2号、3号可在110℃条件下工作，4号脂可在120℃条件

下工作。

④ 钙钠基润滑脂是用钙、钠皂稠化矿物油而制得的。其特点是耐水性能比钠基润滑脂强，但不如钙基润滑脂；耐温性能比钙基润滑脂强，但不如钠基润滑脂。适用于温度80～100℃以下，中等负荷、中等转速、比较潮湿，但不与水直接接触的环境中工作的机械设备上使用按工作锥入度，可以分为1号、2号两个品种。

(5) 滚动轴承用脂润滑的特点　滚动轴承用脂润滑，虽然效果不如用油润滑好，但是具有维护保养简单，便于密封的特点。能适用于中等负荷、中低转速、环境恶劣的情况。因此在普通机械设备中，应用比较广泛。轴承用脂润滑时，主要应考虑转速快慢、工作温度的高低、工作环境的情况如何等因素。只有根据润滑脂的特点做到合理使用，才能保证轴承的工作能力。

(6) 润滑脂用量　关于润滑脂用量的多少，与轴承旋转速度的大小有着直接联系。转速在1500r/min以下时，用脂量可为2/3轴承腔，转速在1500～3000r/min时，用脂量可为1/2轴承腔。转速在3000r/min以上时，用脂量不能超过1/3轴承腔。如果用脂量过大，就会明显增大轴承的运动阻力，造成轴承温度过高，影响轴承的工作能力。

(7) 固体润滑剂　固体润滑剂是指一些低剪切强度的固体，例如软金属、软金属化合物、无机物、有机物和自润滑复合材料，固体润滑剂的特点是耐热，化学稳定性好，耐高压，不挥发，不污染。因此特别适用于不能密封和供油的特殊机械系统中，对某些难以使用常规润滑技术的场合，如原子能工业、塑料工业、火箭、人造卫星等领域具有特殊的重要意义。其缺点是通常摩擦表面磨损比常规的润滑油高。由于不能有效地带走热量，因而也可能导致胶合的发生。表8-6中列出了常用的固体润滑剂特性。

表8-6　常用的固体润滑剂特性

项目	润滑剂种类	温度界限/℃	典型摩擦系数	使用方式
层状固体	二硫化钼	350(在空气中)	0.1	粉末、黏结膜、阴极真空喷涂
	石墨	500(在空气中)	0.2	粉末
	二硫化钨	440(在空气中)	0.1	粉末
	氟化钙	1000	—	熔融涂覆
	氟化石墨	—	0.1	擦抹或阴极真空镀膜
	滑石	—	0.1	粉末
热性料	聚四氟乙烯(未填充)	280	0.1	粉末、固体块、黏结膜
	尼龙66(未填充)	100	0.25	固体块
	聚酰亚胺	260	0.5	固体块
	乙缩醛	175	0.2	固体块
	聚亚苯基硫	230	0.1	固体块或涂覆
	聚氨基甲酸乙酯	100	0.2	固体块
	聚四氟乙烯(填充)	300	0.1	固体块
	尼龙66(填充)	200	0.25	固体块
其他	三氧化铝	800	—	粉末
	酞菁	380	—	粉末
	铅	200	—	擦抹或阴极真空镀膜

8.3　摩擦副材料配伍

摩擦副材料配伍技术是一种十分重要的抗磨损设计技术。摩擦副的耐磨性不仅与摩擦副材料的物理化学性能有关，如硬度、韧性、互溶性、耐热性、耐蚀性等性质，而且与摩擦副对偶材料的配伍情况密切相关，如对偶件的硬度匹配、抗黏着磨损摩擦副材料的相溶性匹配等。下面主要介绍摩擦副材料的配伍原则。

8.3.1　磨粒磨损摩擦副材料配伍原则

从显微组织来看，马氏体组织的耐磨性优于珠光体组织，珠光体组织优于铁素体组织；对于珠光体组织，片状珠光体组织耐磨性优于球状珠光体组织，细片状珠光体组织优于粗片状珠光体组织；优于未回火的金属显微组织硬而脆，所以回火马氏体组织的耐磨性常常优于未回火的组织。

对于同样硬度的钢，合金钢的耐磨性优于普通碳素钢。碳化物的元素原子越多越耐磨。钢中所加入合金元素越有利于形成碳化物，则它的耐磨性越好，例如Ti、Zr、Hf、V、Nb、Ta、W、Mo等元素优于Cr、Mn等元素。

如果摩擦副的磨粒磨损是由于固体颗粒的冲击造成的，提高其耐磨性的重要措施就是正确选择摩擦副的硬度和韧性配伍。对于小冲击角的磨粒磨损，也就是说冲击速度方向与表面接近平行的工作情况，在考虑硬度和韧性的配伍中，应该强调高硬度，相应的抗磨损设计措施就是选用淬硬钢、陶瓷、铸石、碳化钨等可以防止切削性磨损的材料；对于大冲击角的磨粒磨损，则应该强调高韧性，相应的抗磨损设计措施是选用橡胶、奥氏体高锰钢、塑料等耐冲击材料，因为这类材料可以部分吸引碰撞产生的动能，从而较小或延缓摩擦副材料表面产生裂纹而剥落；对于高应力冲击条件下的磨粒磨损，可以选用塑性良好且在高冲击应力下能变形硬化的奥氏体高锰钢，例如破碎机碾子、球磨机滚筒、钢轨等。

对于三体磨粒磨损，抗磨损设计最重要的措施是提高摩擦表面的硬度，一般情况下当摩擦表面硬度与中间体颗粒硬度之比值约等于1.4时，其耐磨性最好。另外，实验表明，三体磨粒磨损的中间体颗粒粒度对摩擦表面的磨损率也有一定的影响，当粒度$<100\mu m$时，粒度越小则摩擦表面的磨损率越低；但是，当粒度$>100\mu m$时，粒度与磨损率无关。

8.3.2　黏着磨损摩擦副材料配伍原则

黏着现象常常是因为摩擦产生大量的热引起摩擦表面材料的软化、再结晶而产生的。因此黏着磨损与摩擦副表面的材料配伍密切相关。根据工程实际得到黏着磨损摩擦副材料的配伍原则如下。

① 应选用固态互溶性低的两种摩擦副表面对偶材料。两种材料的固态互溶性越低，越不易产生黏着磨损现象。一般来说，晶格类型接近、晶格常数相近的材料互溶性较大，相同材料的配偶最容易产生黏着。

② 应选用能形成金属间化合物的摩擦副表面配偶材料。因为金属间化合物具有脆弱的共价键，可以减少黏着效应。塑性材料相较于脆性材料更容易发生黏着，而且塑性材料形成的黏着结点强度常常大于母体金属强度，导致黏着材料撕裂发生于摩擦副的次表层，产生较大的金属磨粒。

③ 选用摩擦副表面配偶材料应综合考虑金属材料的其他性能。金属材料熔点、再结晶温度、临界回火温度越高，或者它的表面能越低，越不易发生黏着；从金相结构来看，多相

结构比单相结构黏着效应低，例如珠光体比铁素体或奥氏体的黏着效应低；金属间化合物相比单相固溶体黏着效应低；六方晶体结构优于立方晶体结构；金属与非金属的配伍优于金属与金属的配伍。

④ 在一定条件下提高运动副材料的表面硬度。在材料其他性能相似的情况下，提高材料硬度，摩擦表面不易发生塑性变形，因而更不易发生黏着。对于钢来说，当表面硬度达到700HV或70HRC以上时，一般情况下摩擦副材料不会发生黏着磨损。

8.3.3 疲劳磨损摩擦副材料配伍原则

接触疲劳磨损是由于循环应力作用使摩擦副材料表面或表层内产生裂纹萌生和扩展而导致摩擦副表面材料损失的过程。对于疲劳磨损，它的摩擦副材料配伍原则如下。

① 正确选用摩擦副表层材料硬度。由于在一定范围内摩擦副的抗疲劳磨损能力与表层材料硬度基本上呈正比关系，所以在一般的抗接触疲劳磨损设计中，应尽量提高摩擦副材料的硬度，但同时要考虑摩擦副材料的表面脆性。

② 应选择摩擦副配偶材料的最佳硬度差值。摩擦副材料的抗疲劳磨损能力不仅取决于摩擦副材料的硬度值，而且取决于摩擦副配偶材料的硬度差值。适当的摩擦副配偶材料的硬度差值有利于提高抗疲劳磨损。

③ 提高摩擦副材料的材质。应该尽量降低或者消除摩擦副材料中的初始裂纹和非金属夹杂物，具体的措施是严格控制金属材料的冶炼和轧制工艺过程。例如轴承钢的制造通常采用电炉冶炼，甚至真空重熔、电渣重熔等技术来提高材质。

④ 铸件和陶瓷材料的选用。为了改进高副接触摩擦副的抗疲劳接触能力，有时可以选用铸铁或陶瓷材料作为摩擦副材料。灰口铸铁虽然硬度低于中碳钢，但由于石墨片不定向，而且摩擦系数低，所以具有较高的抗接触疲劳能力；合金铸铁、冷激铸铁的抗接触疲劳能力更好；陶瓷材料通常具有高硬度和良好的抗接触疲劳能力，而且高温性能好，但由于脆性大不耐冲击，所以陶瓷材料一般用于运动平稳的摩擦副。

8.3.4 微动磨损摩擦副材料配伍原则

由于微动磨损是黏着磨损、磨粒磨损和氧化磨损等形式的一种混合磨损，所以一般有利于提高摩擦副的抗黏着磨损、抗磨粒磨损和抗氧化磨损的材料配伍，都适用于微动磨损摩擦副的材料配伍。但是具体应用时，要根据实际工程条件来确定摩擦副的最佳材料配伍。

8.3.5 腐蚀磨损摩擦副材料配伍原则

原则是应该选用耐腐蚀性好的材料作为摩擦副材料，特殊情况下要求摩擦副表面形成的氧化膜与基体的结合强度高，韧性好，致密度高，抗腐蚀能力强。

8.3.6 摩擦副材料表面强化技术

在工程实际应用中通常采用表面强化技术来满足摩擦副材料抗磨损能力，以达到实际的抗磨损能力要求。常用的材料表面强化技术主要有3种，包括表面机械强化技术、表面扩散强化技术和表面覆盖强化技术。

① 表面机械强化技术是在不改变材料表面化学成分的前提下，通过机械强化的手段，改变材料表面的组织结构、力学性能或几何形貌达到材料表层力学性能强化目的。例如表面喷丸处理技术、表面机械碾压技术等。

② 表面扩散强化技术是通过渗入或注入某些元素的办法改变表层材料的化学成分，或

同时附加热处理的手段，使材料表面改性，力学性能得以强化。例如各种化学处理技术和化学热处理技术。

③ 表面涂覆强化技术是直接在材料表面进行镀层处理、涂层处理或者采用其他物理、化学方法覆盖一层强化表面层。

摩擦副材料表面强化的效果可以用 f/f_0、k/k_0、F/F_0 等参数评定。这里的 f_0 与 f 分别为强化处理前后材料的摩擦系数；k_0 与 k 分别是强化前后的耐磨性指标；F_0 与 F 分别是强化前后的抗胶合载荷。表 8-7 为化学热处理强化效果的评价数据。

表 8-7 常用化学热处理强化效果的评价数据

名称	推荐材料	f/f_0	k/k_0	F/F_0
渗碳	碳素钢和合金钢	0.8～1.0	2～3	1.0～1.5
氮化	合金钢	0.8～1.0	2～4	1.0～1.5
碳氮共渗	碳素调质钢、合金钢	0.7～0.8	2～5	1.5～2.0
氰化	碳素调质钢、合金钢	0.7～0.8	2～5	1.5～2.0
渗硼	中碳钢、合金钢	—	2～5	—
硫氰共渗	碳素钢、合金钢、不锈钢	0.5～0.6	2～5	4～5
渗硫	碳素钢和铸铁	0.4～0.5	1.5～3	5～10
碘-镉浴处理	钛合金	0.5～0.6	—	5～10

8.4 置换和转移原理

置换原理就是允许系统中一个零件磨损以保护另一个更重要的零件。例如，在铸铁活塞环的使用中，若允许活塞环快速磨损，可以防止汽缸套的胶合。而转移原理就是在较为便宜的零件中，例如，普通轴承设计时使它容易磨损，用以保护较贵的轴，免于表面损坏和磨损。对于普通轴承，白合金（含锡、铅、铜、锑）是软的滑动表面，在较高的载荷和速度下，则必须用青铜制的较硬表面轴承。

参 考 文 献

[1] 葛世荣，朱华. 摩擦学的分形 [M]. 第3版. 北京：机械工业出版社，2005.

[2] 刘家俊. 材料磨损原理及其耐磨性 [M]. 北京：清华大学出版社，2002.

[3] A. D. 萨凯. 金属磨损原理 [M]. 邵荷生译. 北京：煤炭工业出版社，1980.

[4] 费斌，蒋庄德. 工程粗糙表面粘着磨损的分形学研究 [J]. 摩擦学学报，1999 (1).

[5] 蒋书文，姜斌，李燕等. 磨损表面形貌的三维分形维数计算 [J]. 摩擦学学报，2003，23 (6)：534-536.

[6] 陈国安，葛世荣. 基于分形理论的磨合磨损预测模型 [J]. 机械工程学报，2000，36 (2)：29-32.

[7] 葛世荣，Tonder K. 粗糙表面的分形特征与分形表达研究 [J]. 摩擦学学报，1997，17 (1)：73-80.

[8] 朱华. 摩擦磨损过程的分形行为研究 [D]. 中国矿业大学机电与材料工程学院，2003.

[9] 王乙潜，黄立萍，郦剑. 分形理论在材料磨损表面分析中的应用 [J]. 材料导报. 1998，12 (2)：8-10.

[10] 温诗铸，黄平. 摩擦学原理 [M]. 第3版. 北京：清华大学出版社，2008.

[11] 杨建恒，张永振，邱明，杜三明. 滑动干摩擦的热机理浅析 [J]. 润滑与密封，2005，(5) 173-176.

[12] 张胜华，赵祥伟，占珍珍等. 三种特殊黄铜的显微组织与摩擦磨损性能研究 [J]. 机械工程材料，2004，28 (6)：534-536.

[13] 陈洪，邓雪莲，杨贤镛. 第二相对特种黄铜材料磨损性能的影响 [J]. 湖北工业大学学报，2005，20 (1)：30-34.

[14] 张永振. 铸铁的干滑动摩擦磨损 [J]. 现代铸铁，2000 (2)：35-41.

[15] 胡亚非，王启立，隋敏等. 碳素石墨磨损性能与润滑成膜特性研究 [J]. 中国矿业大学学报，2008，37 (2)：216-219.

[16] 赵小银，何国球，付沛. 铜基石墨合金材料摩擦磨损行为的研究 [J]. 金属功能材料，2011，18 (2)：42-46.

[17] 赵茂勋，郑中甫，何福善. 高铬铸铁在腐蚀介质中的磨损特性 [J]. 2009中国铸造活动周论文集. 2009，1-4.

[18] 熊博文，吴振卿，张军. 载荷对高铬铸铁磨料磨损的影响 [J]. 热加工工艺，2006，35 (5)：5-7.

[19] 赵中玲. 高铬铸铁磨损性能的研究 [J]. 黑龙江交通科技，2007，(5)：103-105.

[20] 李涌. 高铬铸铁抗磨、耐热、耐蚀性能的研究 [J]. 云南冶金，2005，34 (6)：50-53.

[21] 石增敏，郑勇，袁泉. 金属陶瓷刀具切削铸铁的磨损机理研究 [J]. 摩擦学学报，2007，24 (1)：47-54.

[22] 舒伟才，向定汉. 高强铝合金-PTFE纺织复合材料的摩擦磨损性能 [J]. 润滑与密封，2007，32 (3)：3537.

[23] 孙延富，郭珉，郭安振等. 高硅铝合金缸套研制 [J]. 兵器材料科学与工程，2010，30 (1)：53-56.

[24] 董世运，韩杰才，杜善义. 铝合金表面激光熔覆Cu基复合涂层的组织及摩擦磨损性能 [J]. 材料工程，2001，(2)：26-29.

[25] 姚奕，毛协民，欧阳志英等. 高硅铝基耐磨材料中Bi对摩擦特性的影响 [J]. 上海金属，2007，29 (1)：38-42.

[26] 鲁鑫，曾一文，欧阳志英等. Bi对A390过共晶高硅铝合金摩擦磨损特性的影响 [J]. 摩擦学学报，2007，27 (3)：284-288.

[27] 张鹏. 钢背铝20锡自润滑复合板材的成形 [M]. 北京：北京交通大学出版社，2007.

[28] 张鹏，杜云慧，曾大本等. 铝-7石墨复合材料的半固态加工 [J]. 特种铸造及有色合金（2001中国压铸、挤压铸造、半固态加工学术年会论文集)，2001：251-253.

[29] 张鹏. 铜-石墨复合材料的成形 [M]. 北京：北京交通大学出版社，2008.

[30] 刘强，谢盛辉等. Gr/Al-0.7Si-1.2Mg复合材料制备及摩擦性能研究 [J]. 深圳大学学报理工版，2007，24 (2)：166-170.

[31] 桂满昌，王殿斌等. 颗粒增强铝基复合材料在汽车上的应用 [J]. 机械工程材料，1996，20 (5)：30-33.

[32] 康永林，毛卫民，胡壮麒编著. 金属材料半固态加工理论与技术 [M]. 北京：科学出版社，2004.

[33] 刘振刚. 铝基石墨自润滑复合材料的研究 [D]. [学位论文] 沈阳：东北大学，2006：12-19.

[34] 陈跃. 颗粒增强铝基复合材料干滑动摩擦磨损特性研究 [D]. [学位论文] 西安：西安交通大学，2001：47-48.

[35] 戴斌煜. 消失模法制备Gr/Al复合材料工艺研究 [J]. 铸造技术，2007，28 (3)：399-401.

[36] 唐仕英，刘晓新等. 纳米石墨/铝基复合材料的摩擦磨损性能 [J]. 机械工程材料，2007，31 (3)：44-46.

[37] 曹占义，刘勇兵等. 铝基石墨复合材料的摩擦特性与机理分析 [J]. 摩擦学学报，1999，19 (4)：328-330.

[38] 杜军，李文芳，刘耀辉等. AZ91镁合金及其 Al_2O_3 纤维-石墨颗粒混杂增强复合材料的滑动摩擦磨损性能研究

[J]. 摩擦学学报，2004，24 (4)：341-345.

[39] 邓建新，冯益华，艾兴. 高速切削刀具材料的发展、应用及展望 [J]. 机械制造，2002，40 (1)：11-15.

[40] 赵文轸主编. 材料表面工程导论 [M]. 西安：西安交通大学出版社，1998.

[41] 戴达煌，周克崧，袁镇海等编著. 现代材料表面技术科学 [M]. 北京：冶金工业出版社，2004.

[42] P. J. Martin，A. Bendavid，T. J. Kinder，L. Wielunski. The deposition of TiN thin films by nitrogen ion assisted deposition of Ti from a filtered cathodic arc source [J]. Surface and Coatings Technology，1996，86：271-278.

[43] P. J. Martin，A. Bendavid. Review of the filtered vacuum arc process and materials deposition [J]. Thin Solid Films，2001，394：1-15.

[44] A. Anders，S. Anders，I. Brown. Effect of duct bias on transport of vacuum arc plasma through curved magnetic filters [J]. Journal of Applied Physics，1994，75 (10)：4900-4905.

[45] W. -D. Münz. Titanium aluminum nitride films：A new alternative to TiN coatings [J]. Journal of Vacuum Science & Technology，1986，A 4 (6)：2717-2725.

[46] M. Zhou，Y. Makino，M. Nose，K. Nogi. Phase transition and properties of Ti-Al-N thin films prepared by r. f. -plasma assisted magnetron sputtering [J]. Thin Solid Films，1999，339：203-208.

[47] A. Kimura，H. Hasegawa，K. Yamada，T. Suzuki. Effects of Al content on hardness，lattice parameter and microstructure of $Ti_{1-x}Al_xN$ films [J]. Surface and Coatings Technology，1999，120-121：438-441.

[48] C. Wan Kim，K. Ho Kim. Anti-oxidation properties of TiAlN film prepared by plasma-assisted chemical vapor deposition and roles of Al [J]. Thin Solid Films，1997，307：113-119.

[49] A. Sugishima，H. Kajioka，Y. Makino. Phase transition of pseudobinary Cr-Al-N films deposited by magnetron sputtering method [J]. Surface and Coatings Technology，1997，97：590-594.

[50] Y. Makino，K. Nogi. Synthesis of pseudobinary Cr-Al-N films with B1 structure by rf-assisted magnetron sputtering method [J]. Surface and Coatings Technology，1998，98：1008-1012.

[51] L. A. Donohue，I. J. Smith，W. -D. Münz，I. Petrov，J. E. Greene. Microstructure and oxidation-resistance of $Ti_{1-x-y-z}Al_xCr_yY_zN$ layers grown by combined steered-arc/unbalanced-magnetron-sputter deposition [J]. Surface and Coatings Technology，1997，94-95：226-231.

[52] K. Yamamoto，T. Sato，K. Takahara，K. Hanaguri. Properties of (Ti，Cr，Al) N coatings with high Al content deposited by new plasma enhanced arc-cathode [J]. Surface and Coatings Technology，2003，174-175：620-626.

[53] S. G. Harris，E. D. Doyle，A. C. Vlasveld，J. Audy，J. M. Long，D. Quick. Influence of chromium content on the dry machining performance of cathodic arc evaporated TiAlN coatings [J]. Wear，2003，254：185-194.

[54] W. -D. Münz，L. A. Donohue，P. E. Hovsepian. Properties of various large-scale fabricated TiAlN-and CrN-based superlattice coatings grown by combined cathodic arc-unbalanced magnetron sputter deposition [J]. Surface and Coatings Technology，2000，125：269-277.

[55] M. C. Simmonds，A. Savan，E. Pflüger，H. V. Swygenhoven. Mechanical and tribological performance of MoS_2 co-sputtered composites [J]. Surface and Coatings Technology，2000，126：15-24.

[56] N. M. Renevier，V. C. Fox，D. G. Teer，J. Hampshire. Coating characteristics and tribological properties of sputter-deposited MoS_2/metal composite coatings deposited by closed field unbalanced magnetron sputter ion plating [J]. Surface and Coatings Technology，2000，127：24-37.

[57] M. C. Simmonds，A. Savan，E. Pflüger，H. V. Swygenhoven. Mechanical and tribological performance of MoS_2 co-sputtered composites [J]. Surface and Coatings Technology，2000，126：15-24.

[58] N. M. Renevier，V. C. Fox，D. G. Teer，J. Hampshire. Coating characteristics and tribological properties of sputter-deposited MoS_2/metal composite coatings deposited by closed field unbalanced magnetron sputter ion plating [J]. Surface and Coatings Technology，2000，127：24-37.

[59] N. M. Renevier，J. Hamphire，V. C. Fox，J. Witts，T. Allen，D. G. Teer. Advantage of using self-lubricating，hard，wear-resistant MoS_2-based coatings [J]. Surface and Coatings Technology，2001，142-144：67-77.

[60] N. M Renevier，N. Lobiondo，V. C. Fox，D. G Teer，J. Hampshire. Performance of MoS_2/metal composite

coatings used for dry machining and other industrial applications [J]. Surface and Coatings Technology, 2000, 123: 84-91.

[61] N. M. Renevier, V. C. Fox, D. G. Teer, J. Hampshire. Performance of low friction MoS_2/titanium composite coatings used in forming applications [J]. Materials and Design, 2000, 21: 337-343.

[62] V. Rigato, G. Maggioni, A. Patelli, D. Boscarino, N. M. Renevier, D. G. Teer. Properties of sputter-deposited MoS_2/metal composite coatings deposited by closed field unbalanced magnetron sputter ion plating [J]. Surface and Coatings Technology, 2000, 131: 206-210.

[63] N. M Renevier, N. Lobiondo, V. C. Fox, D. G Teer, J. Hampshire. Performance of MoS_2/metal composite coatings used for dry machining and other industrial applications [J]. Surface and Coatings Technology, 2000, 123: 84-91.

[64] N. M. Renevier, V. C. Fox, D. G. Teer, J. Hampshire. Performance of low friction MoS_2/titanium composite coatings used in forming applications [J]. Materials and Design, 2000, 21: 337-343.

[65] 程伟，叶伟昌. 切削加工和刀具技术的现状与发展 [J]. 工具技术，2002，36 (7)：3-7.

[66] S. Yang, X. Li, D. G. Properties and performance of CrTiAlN multilayer hard coatings deposited using magnetron sputter ion plating [J]. Surface Engineering, 2002, 18: 391-396.

[67] E. Martinez, R. Sanjinés, O. Banakh, F. Lévy. Electrical, optical and mechanical properties of sputtered CrN_y and $Cr_{1-x}Si_xN_{1.02}$ thin films [J]. Thin Solid Films, 2004, 447: 332-336.

[68] P. D. Fleischauer, J. R. Lince. A comparison of oxidation and oxygen substitution in MoS_2 solid film lubricants [J]. Surface and Coatings Technology, 2000, 126: 15-24.

[69] 张晓玲. 溅射沉积 MoS_x 涂层在不同湿度条件下的摩擦磨损性能 [D]. 博士学位论文，西安交通大学，2001.

[70] 邓志明，欧阳光耀. 内燃机缸套-活塞环润滑和磨损研究的现状和对策 [J]. 内燃机与配件，2010 (6).

[71] 王中宝. 活塞环的磨损及材料发展趋势 [J]. 摩托车技术，1999 (8)：11-14.

[72] 李奇，王宪成，何星，等. 高功率密度柴油机缸套-活塞环摩擦副磨损失效机理 [J]. 中国表面工程，2012，25 (4)：36-41.

[73] W B Nathan. Piston ring lubrication and friction reduction through surface modification [D]. Purdue University, 2007.

[74] J Vetter, G Barbezal, J Grummenauer, et al. Surface treatment selection for auto-motive application [J]. Surface and Coating Technology, 2005, 200: 1962-1968.

[75] 赵晚成，马亚军，李生华，等. CrN 活塞环涂层的摩擦学性能 [J]. 润滑与密封，2005 (2)：59-62.

[76] M B Karamis, K Cakirer H. behaviour of Al-Mo-Ni composite coating at eleva-ted temperature [J]. Wear, 2005, 258: 744-751.

[77] B C Hwang, J H Ahn, S H Lee. H. Effects of blending elements on wear resis-tance of plasma-sprayed molybdenum blend coatings used for automotive synch-ronizer rings [J]. Surface and Coating Technology, 2005, 194: 256-264.

[78] 刘稳善，张天明，惠记庄. 活塞环表面等离子喷涂强化及耐磨性能的研究 [J]. 柴油机，2004 (5)：38-40.

[79] A Skopp, N Kelling, M Woydt, et al. Thermally sprayed titanium suboxide coat-ings for piston ring/cylinder liners under mixed lubrication and dry-running conditions [J]. Wear, 1999, 225: 814-824.

[80] H S Ahn, O K Kwon. Tribological behaviour of plasma-sprayed chromium oxide coating [J]. Wear, 1999, 225: 814-824.

[81] 刘伟达. 内燃机活塞环-缸套摩擦磨损过程性能研究 [J]. 柴油机设计与制造，2006，14 (3)：26-30.

[82] 孙青云. 齿轮摩擦学的研究现状与展望 [J]. 机械传动，2003，27 (3)：9-12.

[83] 李宝良. 齿轮磨损理论计算而研究 [J]. 大连铁道学院学报，1993，14 (3)：95-99.

[84] 潘冬，李娜. 齿轮磨损寿命预测方法 [J]. 哈尔滨工业大学学报，2012，44 (9)：29-34.